HANNAH UND
JONATHAN MITTNER

Jagen mit Stöberhunden

HUNDEAUSWAHL, -AUSBILDUNG
UND JAGDPRAXIS

KOSMOS

☞ Inhalt

Für Loki und Tilda, die dieses Buch nie lesen können.
Für Rainer, der dieses Buch nie mehr lesen wird.

FÜR EFFEKTIVES UND TIERSCHUTZGERECHTES JAGEN

Wer passioniert und mit Köpfchen zur Jagd geht, kommt schnell darauf: Die Jagd mit geeigneten Hunden macht Sinn, viel Sinn. Jagdhunde sind nicht nur dekorative Begleiter und Freunde im Alltag. Sie ergänzen Jägerinnen und Jäger dort, wo deren eigenen Sinne und Fähigkeiten versagen. Das macht sie zu äußerst wertvollen Helfern. Egal ob bei der Nachsuche kranken Wildes, bei der Jagd auf Niederwild im Feld und am Wasser, beim Brackieren oder auch bei der Jagd auf Schalenwild im Wald: Die Passion, die Wildschärfe und die Nasenleistung der Jagdhunde machen unser Jagen erfolgreicher und helfen, Tierleid zu vermeiden.
Die aktive Jagd mit eigens dafür gezüchteten Hunderassen ist sehr alt und tief in der Menschheitsgeschichte verwurzelt. In der heutigen Zeit sind speziell die Arbeit mit dem Schweißhund auf der Nachsuche oder die Arbeit von Vorstehhunden bei der Niederwildjagd in der Literatur und in Ausbildungslehrgängen sehr präsent.
Markant unterrepräsentiert ist in Literatur, Praxis und Fortbildung jedoch die Wissensvermittlung zur zeitgemäßen Arbeit mit stöbernden Hunden bei der Jagd auf Schalenwild im Wald. Das Tun der Hunde in der jagdlichen Disziplin „Stöbern" wird oft als selbstverständlich und angewölft betrachtet – ein großer Irrtum!
Auch für einen guten Stöberhund bedarf es einer gezielten Auswahl des Hundes sowie dessen durchdachter Einarbeitung mit sinnvollen Übungsaufbauten. Das soll dieses Buch erläutern. Und es soll außerdem darstellen, wie es am Ende gelingt, eine zuverlässige und auf die jagdlichen Gegebenheiten angepasste Stöberleistung vom eigenen Hund erwarten zu können.
Das Buch speist sich dabei aus unseren Praxiserfahrungen mit der Ausbildung eigener Hunde, aber auch der Ausbildungshilfe für andere Gespanne sowie festgestellte und bewertete Leistungen auf Stöberprüfungen. Die Einblicke in die Leistung von Hunden ganz verschiedener Rassen, Charaktere und Altersstrukturen sind ein Erfahrungsschatz, welcher der Praxistauglichkeit dieses Buches sicher keinen Abbruch tut. Eine gezielte systematische Auswertung von Jagddaten, wie z. B. GPS-Aufzeichnungen und Waldkarten erlaubte uns, das von Stöberhunden Gesehene zu überprüfen und bewerten.
Eine Ergänzung lieferte in den letzten Jahren der direkte Austausch mit anderen versierten Stöberhundeführenden und der Besuch von Seminaren. Und ganz entscheidend: Die in diesem Buch dargestellte Methode funktioniert! Nach ihr wurden allein in den letzten fünf Jahren Hunderte von Stöberhunden erfolgreich ausgebildet und auf Prüfungen geführt. Leserinnen und Lesern wünschen wir im Interesse effektiven und tierschutzgerechten Jagens so manches Aha-Erlebnis auf den folgenden Seiten.
Nicht männliche Lesende mögen es verzeihen, wenn nachfolgend der Einfachheit halber oft nur die männliche Form, also „Hundeführer", „Jäger" etc. verwendet wird. Selbstverständlich möchten wir dennoch in und mit unseren Ausführungen immer alle Geschlechter adressieren.

Hannah und Jonathan Mittner

STÖBERN GESTERN UND HEUTE

FREIES, STÖBERNDES JAGEN

Wer sich in das Thema „Jagen mit Stöberhunden" hineinbegibt, hat den ersten Schritt zu einem erfolgreichen Jagdalltag mit einem stöbernden Hund schon getan – denn er oder sie möchte Hintergrundwissen und Hilfestellung für die Praxis sammeln. Wir möchten in diesem Kapitel daher zunächst die wichtigen Grundlagen zum Verständnis für die folgenden Kapitel legen. Dafür greifen wir auch in der Zeit zurück und blicken auf die Geschichte der Jagd mit Hunden. Zu verstehen, woher Stöberhunde ursprünglich kommen, hilft uns, ihre Verhaltensweisen besser zu beurteilen und in den heutigen jagdlichen Kontext zu stellen. Denn auch da sind Stöberhunde weiterhin ein wichtiger Bestandteil der Jagd, der nicht unterschätzt werden sollte. Dass sie bei unseren Gesellschaftsjagden im Wald unverzichtbar sind, verstehen wir, wenn wir die Geschichte, aber auch die nötigen waldbaulichen Grundlagen kennen.

STÖBERN – ARBEIT MIT FREI JAGENDEN HUNDEN

Stöbern ist und gehört für uns Jäger zu den Arbeiten des Jagdhundes vor dem Schuss. Bei diesen gibt der Hund die direkte Verbindung zum Hundeführer auf, bewegt sich also „geschnallt" ohne Riemen. Hier arbeitet der Hund nicht auf der Spur oder Fährte des Wildes, sondern das Finden dieser fri-

Vorstehender Magyar Vizsla. Auch bei der Niederwildjagd arbeiten die Hunde frei.

schen Wildfährte ist das Ziel der Suche. In Mitteleuropa kann man heute weitgehend zwischen vier verschiedenen Arten des freien, stöbernden Jagens unterscheiden:

SUCHE

Bei der Suchjagd, der sogenannten Feldsuche mit Vorstehhunden suchen diese weiträumig im meist offenen Gelände im Sichtkontakt zum Führer nach Niederwild und arbeiten dabei in systematischen Mustern und unter Einfluss des Windes große Flächen durch. Bekommt der Hund dann Witterung des Wildes, verharrt er in unmittelbarer Nähe zum Wild in seiner Position, er „steht vor" und zeigt den an der Jagd Beteiligten so das Wild an, die dann zum Hund aufrücken und dem Hund das Kommando geben, das Wild aus der Deckung zu bewegen und es dann gegebenenfalls mit einem Schrotschuss aus kurzer Distanz erlegen. Vorstehhunde sollen dem flüchtenden Wild nicht nachgehen und haben deshalb meist keinen angewölften, also angeborenen, Spurlaut. Bei der Suchjagd mit Vorstehhunden gibt es nur eine geringe Schnittmenge zur Stöberarbeit auf Schalenwild, sie soll in diesem Buch deshalb nicht weiter vertieft werden.

BUSCHIEREN

Im Gegensatz zur oben geschilderten Suchjagd ist das Buschieren, bei dem der Hund primär im Sichtbereich des Führers auf kurze Distanz arbeitet und auf Kommandos reagiert, jagdpraktisch sehr universell einsetzbar. Insbesondere auf Niederwild werden hier beispielsweise Heckenstreifen oder Schilfgürtel nach Wild durchsucht, dieses hochgemacht und vor die umstellten Schützen „gedrückt".

Verwendung findet hier eine breitere Palette an Jagdhunderassen wie Terrier, Vorstehhunde, Stöberhunde und niederläufige Bracken. Wichtig hierbei ist, dass die Hunde den überschaubaren Jagdbereich nicht verlassen, also „bogenrein" arbeiten. Ein anhaltendes Verfolgen flüchtigen Wildes, also ein Alleingang des Hundes, ist hier jagdpraktisch nicht nützlich und deshalb auch nicht erwünscht. Buschierende Hunde werden ausgesprochen kurz jagend eingearbeitet bzw. bringen dies von ihren genetischen Anlagen bereits mit. Ein auf Sicht oder auf der Spur laut jagender Hund kündigt den Schützen das nahende Wild an.

Beim Buschieren – in England die Domäne der Spaniels – arbeitet der Hund auf Flintenschussentfernung, d. h. im Nahbereich des Jägers.

BRACKIEREN

Eine weitere, hochinteressante Form des Jagens mit Hund ist das Brackieren mit Bracken, eine der ältesten Formen des Jagens mit Hunden. Früher wurden hier ausschließlich sehr feinnasige Bracken verwendet, in der jüngeren Neuzeit jedoch auch laut jagende, mit Bracken verwandte Rassen, wie der Teckel. Beim Brackieren wird der Hund frei geschickt – also geschnallt – gibt dann die Verbindung und den Kontakt zum Führer auf und sucht engräumig nach Spuren von Fuchs oder Hase. Sobald er eine Spur gefunden hat, setzt sein genetisch verankerter Laut ein. Dieser Spur geht er spurlaut bis zur Sasse oder dem Lager nach.

Wegen des weithin hörbaren Lauts verlässt das Wild bereits vor Ankunft des Hundes recht ruhig und nicht von diesem überrascht den Ort. Infolge seiner intensiven Nasenarbeit kommt der Hund langsamer als das Wild voran und kann im Normalfall auch nicht zu diesem aufschließen. Der Jäger macht sich die Fluchttaktik des Wildes zunutze, in dem er sich an dem Ort positioniert, an dem das Wild zu Beginn lag, und wartet, bis dieses in weitem Bogen wieder an diesen Ort zurückkommt, um es dann weit vor dem Hund erlegen zu können.

STÖBERN AUF SCHALENWILD

Das eigentliche Stöbern, das laute Stöbern auf Schalenwild nämlich, beinhaltet Elemente des Brackierens und des Buschierens, ist also eine neuere Erscheinung, bei der jagdpraktisches und kynologisches Wissen zu einer Mischform weiterentwickelt wurden.
Bei der Stöberarbeit wird Schalenwild aufgespürt und in Bewegung gebracht. Ähnlich wie beim Brackieren auf Hasen suchen sich Hunde auf Stöberjagden frische Schalenwildfährten im Wald und arbeiten diese laut. Das Wild vernimmt die nahenden Hunde

Der Begriff Stöbern im engeren Sinne bezeichnet die Suche nach Schalenwild im Wald.

bereits aus der Distanz, verlässt den Einstand und wechselt idealerweise ziehend an den abgestellten Schützen vorbei, die ausreichend Zeit zum Ansprechen und sicheren Schießen haben. Stummes Hetzen ist absolut unerwünscht, da es nicht tierschutzkonform und jagdpraktisch widersinnig ist, was wir in den Folgekapiteln näher erläutern.
Bei den eigentlichen Stöberjagden wird in Bezug auf die Einsatzart der Hunde zwischen weiter jagenden, vom Stand geschnallten „Standschnallern" sowie mit dem Führer interagierenden und kürzer jagenden „Durchgehern" unterschieden.

Standschnaller

Vom Stand geschnallte Hunde suchen eigenständig in Kreisen von einigen hundert Metern um den Führer, der als Standschütze positioniert ist. Kommen sie auf eine Fährte, wird diese laut und u. U. auch weit aus diesem Kreis hinaus gearbeitet. Wird das Wild erlegt oder entfernt es sich zu weit, kommen die Hunde auf der eigenen Fährte selbstständig zum Führer zurück und beginnen die Arbeit innerhalb des Suchradius erneut.

DURCHGEHER

Durchgehhunde arbeiten dagegen im kleineren Radius um die sich innerhalb des Treibens bewegenden, also durchgehenden Hundeführer. Kommen sie auf eine frische Schalenwildfährte, wird diese kurz angejagt, anschließend findet der Hund auf der Spur des Hundeführers wieder zu seinem Zweibeiner zurück. Diese Zweierteams Hund – Mensch gehen auch gezielt schwieriges Gelände wie Dickungen oder Brombeerfelder an und arbeiten es durch – also ganz ähnlich dem Buschieren.
Zum Stöbereinsatz eignen sich alle sicher fährtenlauten und ausreichend wildscharfen Rassen wie Bracken, Spaniels, Wachtelhunde, Terrier und Teckel, wobei die rassespezifischen Anlagen das Einsatzoptimum im Einzelfall bestimmen. Stöberjagden, an denen zu den Hundeführern auch Treiber in den Flächen unterwegs sind, werden umgangssprachlich auch als Drückjagden bezeichnet.
Der Unterschied zwischen Buschieren und eigentlichem Stöbern lässt sich vielleicht so auf den Punkt bringen: Im Hellen wird buschiert, im Dunkeln gestöbert. Thema dieses Buchs ist die facettenreiche und spannende Arbeit mit stöbernden Hunden auf Schalenwild in bewaldeten Gebieten. Sie soll in ihren Bestandteilen näher beleuchtet werden.

STÖBERN – DEFINITION

Stöbern im Sinne dieses Buches ist die gezielte Suche des Hundes nach frischen Fährten von Schalenwild im bewaldeten Gebiet und das laute Verfolgen solcher frischer (warmer) Fährten, was im Idealfall einem Schützen Jagderfolg verschafft.

Mensch und Hund müssen stets ein Team bilden.

DIE GESCHICHTE DES STÖBERHUNDES

Der Blick auf die Entstehung des Hundes und seiner Verwendung bei der Jagd hilft uns zu verstehen, wie sich Hunde für spezielle Einsatzzwecke entwickelten und wie der Mensch sie sich zunutze machte. Die Unterteilung in Rassen mit speziellen jagdlichen Eigenschaften war dabei kein Zufallsprodukt, sondern eine gezielte Förderung durch den Menschen bereits in sehr früher Zeit. Eine Selektion, die im Grunde bis heute andauert.

URSPRÜNGE DER DOMESTIKATION

Der wahrscheinlich älteste Nachweis eines Hundes ist der Fund aus einem ungefähr 14 000 Jahre alten Grab in Oberkassel, in dem ein Paar mit ihrem mittelgroßen Junghund begraben wurde. Der Hund liegt an der Seite der Frau, was bemerkenswerte Rückschlüsse auf die Art der Verbindung von Mensch zu Hund im altsteinzeitlichen Leben zulässt.

Durch die Aufzucht von verwaisten Wolfswelpen kam es vermutlich zur Doemstizierung des Wolfes.

VON MÜLLABFUHR BIS NOTFALLHAPPEN

Es ist wahrscheinlich, dass die Domestikation des Wolfes weit früher und im damaligen familiären Alltag begann. Verwaiste Wolfswelpen wurden aufgezogen und bauten mitunter enge Beziehungen zu den menschlichen Versorgern auf. Beim Hund im altsteinzeitlichen Grab konnte sogar eine Krankenversorgung nachgewiesen werden. Diese frühen Gemeinschaften brachten infolge menschlich gelenkter Auslese vermutlich bereits Tiere mit verschiedenen Eigenschaften hervor: Hunde als „Warnanlage“ im Lager, als „Wärmespender“ in der Behausung, gute „Müllschlucker,“ als „Transportmittel“ oder sogar als „Nahrungsreserve“ in Notzeiten.

JAGD NOCH OHNE VIERBEINIGE HELFER

Als Jagdbegleiter dürften sich die frühen Dorfhunde kaum geeignet haben. Ohne Ackerbau war das Jagen die wichtigste Nahrungsquelle und ihr gingen Frauen und Männer unterschiedlichen Alters gleichermaßen, aber noch ohne Hunde nach. In den Gemeinschaftsbereichen gebunden waren neben Kleinkindern und Alten hauptsächlich Mütter. Es ist davon auszugehen, dass es ihnen gelang, enge Bindungen zu Hunden aufzubauen.

Erst die fortschreitende Bewaldung Europas ließ „Dorfhunde" zu wichtigen Jagdhelfern werden.

VOM HAUSHUND ZUM JAGDHUND

Mit der Erderwärmung schmolz auch in Mitteleuropa das Eis der Eiszeit, und mit der Ausbreitung der Tundra entwickelte sich das Jagen aus unmittelbarer Nähe auf große, schwere und auch langsame flüchtende Tiere wie das Mammut zu einer Jagd auf Distanzen (wenngleich diese auch noch sehr kurz waren). Die Zahl neuer Herdentiere wie des Rentiers stiegen, und solche Arten konnten vom Menschen in Gruppen leicht bejagt werden. Vermutlich jagte der Mensch in den weiten Gras- und Steppenlandschaften parallel zum Wolf; beide Seiten profitierten voneinander durch Wildlenkung und das Überlassen von Beuteresten.

BEWALDUNG ERZWINGT HUNDEHILFE

Vor ungefähr vor 15 000 Jahren breiteten sich auch Wälder in Mitteleuropa aus: Die großen Tierherden wichen nach Norden und Osten aus und neue Waldbewohner wie der Hirsch, das Reh und das Wildschwein zogen nach Mitteleuropa. Im Wald war die natürliche Anzahl des Wildes aufgrund des geringen Äsungsangebots wesentlich geringer als in der Offenlandschaft, was die Jagd deutlich erschwerte.

Die Jagddistanzen vergrößerten sich und die neu aufkommenden Waffen wie Pfeil und Bogen reichten in ihrer Wirkung nicht an Speere heran, die bei der Jagd auf Steppentiere verwendet wurden. Die Menschen der Steinzeit benötigten nun Hunde, die in der Lage waren, in waldreichen Gebieten Wild zu finden bzw. es zu suchen, zu stellen und abzutun, nachdem es, verwundet von den Pfeilen der Jäger, geflohen war. Der Hund im Dorf wurde damit zum Jagdbegleiter. Mit gezielter Selektion und Vermehrung der fähigsten Hunde wurde der Grundstein zur Entwicklung des Jagdhundes aus dem Haushund heraus also bereits vor über 10 000 Jahren gelegt.

FRÜHE EINTEILUNG IN RASSEN

Spätestens mit der Entstehung von Hochkulturen vor ungefähr 6000 Jahren wurden Hunde auf spezielle Einsatzgebiete gezüchtet. Es entstanden genetische isolierte Gruppen als Grundstock der heutigen Rassen. Bereits aus der römischen Antike vor 2000 Jahren sind über 80 verschiedene Hunderassen belegt. Die gesellschaftliche Wichtigkeit der Verwendung der Hunde mit den entsprechenden Anforderungen an sie bestimmte, wie intensiv diese frühen Hunderassen oder auch lokale Rasseschläge entwickelt wurden. Man trennte nun also nicht mehr nur nach Wachhund, Hütehund oder Jagdhund, sondern innerhalb dieser Gruppen auch nach beispielsweise Hetzjägern, Findern, Packern oder Spürhunden. Die grundlegenden Zielsetzungen bei der Zucht von Rassen war die Bewältigung notwendiger Aufgaben im Alltag der Menschen. Der Jagd sollte möglichst auch das Beutemachen folgen, damit Nahrung für die Familie oder Gemeinschaft gesichert war. Außerdem symbolisierte die Beute den Mut und den Kampfgeist der Jäger.

ENTSTEHUNG VON SPEZIALISTEN

Ab der Eisenzeit vor ungefähr 2500 Jahren wandelte sich der Zweck der Jagd deutlich. Sie diente nun nicht mehr ausschließlich zur Sicherstellung der Lebensgrundlage, sondern auch als Geschicklichkeits- und Kampfübung, dem Sport und dem gesellschaftlichen Vergnügen. Mit speziell dafür geeigneten Hunden wurden Wildarten gezielt bejagt und insbesondere unterschied man in jener Zeit zwischen zwei Jagdhundschlägen.

HETZHUNDE

Die hetzenden Hunde waren vor ungefähr 2200 Jahren über viele Kulturen in Europa, Asien und Afrika hinweg hochläufige, windhundähnliche Jagdhunde für die schnelle Hatz leichten Wildes, wie z. B. Hasen. Für schweres Wild wie Schwarzwild oder Bären setzten zeitgleich die mitteleuropäischen Germanen doggenähnliche Hunde mit großer Körperkraft ein. Beide Arten hetzten das gesunde Wild auf Sicht stumm, um es idealerweise zu binden und durch den herannahenden Jäger abfangen zu lassen.
Das stumme Jagen auf Sicht erlaubte den Hunden, ihre ganze Kraft für das Laufen in hoher Geschwindigkeit einzusetzen, während das Wild seinen stummen Verfolger nicht orten und ihm damit schlechter ausweichen konnte. Hetzjäger fanden auch auf Jagden mit Reitern bis in das 18. Jahrhundert hinein Verwendung.

JAGENDE HUNDE

Die jagenden Hunde wurden bereits vor über 2600 Jahren von keltischen Volksstämmen zur Jagd eingesetzt. Diese sogenannten Segusier oder Keltenbracken waren den heutigen Bracken sehr ähnlich und sind die direkten Vorfahren aller heute existierenden europäischen Laufhunde, Bracken und Schweißhunde.
Der griechische Schriftsteller Xenophon beschrieb bereits vor über 2400 Jahren nicht nur die Jagd mit diesen laut jagenden Hunden, sondern auch deren Auswahl und Ausbildung. Die Griechen setzten zu dieser Zeit vermutlich Kreuzungen aus keltischen Bracken und ägyptischen Laufhunden zur Jagd ein. Xenophon befasste sich außerdem mit der Kategorisierung und Beschreibung vieler zur Jagd ungeeigneter Hunderassen, was auf ein tiefes, fachliches Verständnis einerseits und hohe Anforderungen an die Hunde andererseits schließen lässt.
Der römische Geschichtsschreiber Arrian beschrieb die Keltenbracke gut 200 Jahre nach Xenophon als kleinen, besonders feinnasigen Hund mit bedächtiger Suche und leidenschaftlichem, hellem Laut. Diesem Hund wurde von Arrian ein hoher jagdlicher Nutzwert attestiert. Auf keltischen Gegenständen finden sich Abbildungen von Hunden, die der heutigen Dachsbracke ähneln.
Im Nibelungenlied, das heute noch in Wagneropern und Kinofilmen präsent ist, werden explizit „Braken" im Einsatz bei Waldjagden erwähnt. Die Arbeit dieser mittelgroßen Hunde schien auch bei den Germanen und im frühen Mittelalter einen so hohen jagdlichen Wert gehabt zu haben, dass in germanischen Stammesrechten und

Die Spezialisierung der Jagdhunderassen begann spätestens vor 6000 Jahren. Zur Hetzjagd setzte man windhundähnliche, zur Bären- und Saujagd große, überaus muskulöse Hunde ein.

FRÜHE WERTSCHÄTZUNG DES LAUTEN JAGENS

Im sogenannten „Lex Baioariorum", einer aus dem 6. bis 8. Jahrhundert datierten rechtlichen Sammlung, wird der Bracke der doppelte Wert anderer Jagdhunde, wie dem hetzenden „Windhund", aber auch Hof- und Hütehunden, bescheinigt. Der Mehrwert eines spur- oder fährtenlauten Hundes für bestimmte Einsatzzwecke auf der Jagd war also zu dieser frühen Zeit erkannt und im gesellschaftlichen Verständnis verankert.

Gesetzestexten eine Vielzahl verschiedener Jagdhunde beschrieben und diesen ein individueller Wert beigemessen wird.

Bei den dann später im 17. Jahrhundert aufkommenden Parforcejagden des Adels wurde Wild zwar zu Pferd und mit einer Hundemeute gehetzt, allerdings mischte man unter die auf Sicht hetzenden Hunde auch hier Bracken, die das Wild durch ihre Nasenarbeit im schlecht einsehbaren Wald besser finden und durch den enormen Fährtenwillen auch in schwieriger Vegetation lange verfolgen konnten.

Lange Zeit war die Jagd überwiegend dem Adel vorbehalten.

JAGD MIT HUNDEN AB DEM 19. JAHRHUNDERT

Mit dem Aufkommen der „Bürgerjagd“ in Deutschland zur Mitte des 19. Jahrhunderts und den kleiner werdenden Jagdrevieren gewann die Arbeit mit laut jagenden Hunden auf Niederwild wieder an Wichtigkeit. Zuvor hatte nur der Adel das Jagdprivileg besessen und ausgeübt, ohne Rücksicht auf angepasste Wildbestände. Nun war die Jagd an den Grundbesitz gekoppelt und die ausübenden Bürger hatten großes Interesse an einer effektiven Jagd und daher an hierfür geeigneten Hunden.

BRACKENZUCHT IM AUFWIND

In den Berg- und Waldregionen trug das maßgeblich zum Vorantreiben der Brackenzuchten bei und brachte insgesamt das Rassehundewesen mit der Zusammenführung von lokalen Schlägen und deren systematischer Zucht auf genetische Anlagen und äußerliche Merkmale hervor. Andere europäische Hunderassen wurden für die Landbevölkerungen erst spät jagdlich interessant und dadurch züchterisch beeinflusst. So konnten beispielsweise Hunderassen wie die britischen Terrier ihr Talent nicht nur bei der Rattenjagd auf Bauernhöfen, sondern ihren Schneid auch am Fuchs unter Beweis stellen und ausbauen.

IN UND NACH DEN WELTKRIEGEN

Die beiden Weltkriege führten dann leider zur starken Reduktion vieler Exemplare der Jagdhunderassen, da die Männer, welche die Zuchten überwiegend betrieben hatten, in den Kriegen kämpften oder sogar fielen. Viele Rassen überlebten nur knapp dank der Pflege durch die Familien.

Nach den beiden Weltkriegen wurde 1918 und 1945 in Deutschland intensiv mit der Aufforstung der Wälder, die man selbst zuvor zu Rüstungszwecken und zum Wiederaufbau abgeholzt hatte, sowie der Reparationshiebe begonnen. Dichte Verjüngungsflächen förderten den Anstieg und auch die Verbreitung der Schwarzwildpopulationen, während gleichzeitig die Bejagung des Schalenwildes immer schwieriger wurde. Man suchte erneut nach geeigneten Hunden, die im Wald zur Jagd auf Schalenwild einsetzbar waren, und fand diese unter den noch übrigen Vertretern von Bracken, Wachtelhunden, Teckeln und Terriern.

Die noch vorhandenen Zuchtbasen erlebten damit einen neuerlichen Aufschwung und sind seither die Grundlage für unsere heutige, für den Stöbereinsatz im Wald geeigneten Rassen in Deutschland und den angrenzenden Ländern. Mit den verschiedenen Merkmalen und Arbeitsweisen dieser Rassen wurde die heute übliche Art des Stöberns auf Schalenwild im Wald geformt.

STÖBERHUNDE HEUTE – NOTWENDIGKEIT

SCHUTZ VON WALD UND LANDWIRTSCHAFT

Ein bisschen verkürzt gedacht ist die Überschrift allein schon, aber im Grunde könnte man dieses Kapitel am Ende auf sie reduzieren. Allerdings spielen eine Menge Faktoren eine große Rolle, wenn wir uns fragen, warum es Stöberhunde heute noch benötigt.

WÄLDER IM WANDEL MIT WEITREICHENDEN FOLGEN

Ohne die Auslöser dafür genauer zu beleuchten, ist Wissenschaft und Waldbewirtschaftern in der Praxis eines bewusst – das Klima verändert sich und mit ihm auch der Wald. Trockenheit und Hitze im Sommer nehmen zu, ebenso wie einzelne Starkregenereignisse und weitere extreme Wetterphänomene. Dies hat zur Folge, dass weniger hitze- und trockenheitstolerante Baumarten, beispielsweise die Fichte, Tanne und Buche, unter Stress geraten. Sie werden dadurch anfällig für Viruserkrankungen und Pilze, aber auch den Borkenkäfer, der als Sekundärschädling geschwächte Nadelbäume befällt und die wasserführende Schicht unter der Rinde so stark schädigt, dass der Baum komplett abstirbt. Solche Baumbestände, zumal wenn sie Monokulturen sind, also aus nur einer Baumart bestehen, sind auch anfälliger für Stürme oder Überschwemmungen, denn sie sind generell instabiler als Mischbestände.

Die Folge des Ganzen sehen wir z. B. auf dem Brocken im Harz. Hektarweise sind dort alte Baumbestände dem Borkenkäfer, der Trockenheit oder dem Windwurf zum Opfer gefallen und bei einer Wanderung begegnet man dort vergleichsweise kahlen Freiflächen in großem Umfang. Ein erschreckendes Bild, das sich auch in anderen Teilen Deutschlands in ähnlicher, aber auch (noch) schwächerer Ausprägung wiederfindet. Obgleich diese Flächen nun erst mal gar nicht nach Wald aussehen, werden sie in Zukunft das wieder werden: Wald. Waldbesitz und Forst arbeiten intensiv daran, diese entstandenen Freiflächen, aber auch bestehende Wälder zu klimastabilen und vor allem zu artenreichen zukunftsfähigen Mischwäldern zu entwickeln.

Auf ausgedehnten Kalamitätsflächen – hier im Harz – entstehen Wildeinstände, an denen Einzeljagd allein scheitert.

Deckung und meist auch Äsung satt. Wie will man hier ohne Hunde an das Wild herankommen?

„GRÜNE HÖLLEN" ERFORDERN NEUE JAGDSTRATEGIEN

Die oben geschilderten Ereignisse finden nicht erst seit gestern statt. Waldbesitzer, egal ob privat, kommunal oder staatlich, beschäftigen sich daher schon seit Längerem damit, verschiedene Baumarten in die Waldbestände zu integrieren und bei deren Auswahl auf eine gewisse Trockenheitsresistenz und Hitzeverträglichkeit zu achten. Hinzu kommt, dass Freiflächen stark besonnt sind, was das Wachstum von Brombeere und anderen lichtliebenden Kräutern und Sträuchern fördert – alles entwickelt sich schnell zu einer „grünen Hölle", in der sich das Schalenwild sehr wohlfühlt. Es findet dort ideale Dickung und Äsung, auch in Form der jungen Bäume, die den Wald der Zukunft bilden sollen.

In diesem Szenario via klassischem Einzelansitz an altbekannten Plätzen zu jagen, ist deutlich schwieriger und wird es künftig zunehmend sein, denn Rehe oder andere Schalenwildarten müssen die teilweise sehr großen neuen Dickungskomplexe kaum noch verlassen – entsprechend schwer sind sie zu erlegen.

Ein durchdachtes Jagdkonzept mit Schonzeiten in den Monaten mit weniger Wildaktivität und einer intensiveren Bejagung im Herbst und Winter ist die Konsequenz, wenn Jagd weiterhin ein probates Mittel zur Unterstützung des Waldumbaus und zur Verhinderung von Schäden durch Wild bleiben soll.

BEWEGUNGSJAGD – EFFEKTIV UND EFFIZIENT

Bewegungsjagden im Wald mit Hunden und Treibern, häufig auch schlicht Drückjagd genannt, sind für viele Waldbesitzer und Jagdpächter ein Mittel zur Regulierung von Wildbeständen und zur Verhinderung von Wildschäden. Sie ermöglichen es, in einem klar begrenzten und vergleichsweise kurzen Zeitraum viel Strecke zu machen. Bei erfolgreicher Bejagung auf diesem Weg kann der Jagddruck davor und danach deutlich reduziert werden, was weniger Stress für Wildtiere und das Ökosystem Wald zur Folge hat. Erfolgreich sind Drückjagden allerdings nur, wenn das Wild auch aus den Dickungskomplexen auf die Läufe gebracht wird und an fähigen Schützen vorbeizieht.

TIPP

Neben einer effektiven Jagd können und müssen in angepasste Jagdkonzepte natürlich weitere wildbiologisch sinnvolle Maßnahmen integriert werden. Nur beispielhaft genannt seien hier Wildruhezonen und ein ausreichendes Angebot an störungsfreien Äsungsfläche. Darauf wird in diesem Buch allerdings nicht näher eingegangen, sondern auf entsprechende Fachliteratur verwiesen (z. B. „Petrak: Lebensraum Jagdrevier", Verlag Kosmos).

01

02

03

für die eingesetzten Hunde. Als Jagdleitung im eigenen Wald habe ich die Verantwortung, den Hundeeinsatz – Standschnaller und/oder Durchgeher – zu klären und deren Lautnachweis einzufordern. Hunde ohne geeigneten Laut kommen auf unseren Jagden nicht zum Einsatz.
Mit den Informationen über die Hunde setzte ich sie und die zugehörigen Hundeführer dann gezielt ein, was natürlich eine genaue Revierkenntnis und die passende Platzierung von Drückjagdeinrichtungen erfordert. All das ist im Vorfeld ziemlich aufwendig, wird aber in aller Regel durch gute Jagdstrecken am Ende belohnt.
Nach der Jagd wird der Hundeeinsatz nachbereitet. Dabei greife ich neben den Beobachtungen erfahrener Hundeführender auch auf die Aufzeichnungen der Hundeortung zurück, die ich mir schicken lasse. Diese Daten sind ungeheuer hilfreich, um die Schützenstandorte an den Wildfluchtwechseln auszurichten und den Hundeeinsatz zu optimieren. Die üblichen Strecken auf solchen gezielt vor- und nachbereiteten Jagden zeigen, dass sich dieser Aufwand lohnt. Denn Drückjagd bedeutet zwar Stress für alles Wild an einem Tag, bei dabei erzielten großen Strecken (bei großzügigen Freigaben) können wir dafür den Jagddruck im Revier im restlichen Jahr geringhalten. Drückjagden mit guten Stöberhunden sind deshalb in meinen Augen unverzichtbar für ein zeitgemäßes Schalenwildmanagement.

01 *Wo die Rehwildbestände zu hoch sind, entstehen ernst zu nehmende Schäden für den schon „geschundenen" Wald.*

02 *Pflanzung ist kein adäquater Ersatz für Naturverjüngung, sondern eine kostspielige „Krücke".*

03 *Gut organisierte Bewegungsjagden mit fähigen Hunden bringen Strecke in kurzer Zeit – und können den Einzeljagd-Dauerdruck aufs Wild reduzieren.*

DER GEEIGNETE STÖBERHUND

ANGEWÖLFTE ANLAGEN

Die Fähigkeit, bewaldete Gebiete gezielt nach frischen Wildfährten zu durchkämmen und diese dann passioniert und laut zu verfolgen, hat eine klare genetische Komponente. Bestimmte Jagdhunderassen werden daher seit vielen Jahrzehnten gezielt auf diese Stöberanlagen in der Zucht selektiert. Das gilt vor allem für den sogenannten Spurlaut und den Fährtenlaut, die für eine tierschutzkonforme Stöberjagd sowie den jagdlichen Erfolg der Schützen unverzichtbar sind.

DIE LAUTARTEN

Der Hund äußert verschiedene Laute, die von uns durchaus gedeutet werden können und uns dabei helfen, auch aus der Entfernung zu verstehen, in welchen Situationen sich der Hund befindet. Diese Lautäußerungen variieren zwischen einzelnen Rassen nur gering und auch eher nur in der Tonlage und Lautstärke. Der Laut mehrerer Hunde, die zusammen jagen, nennt man Geläut.

Nase tief und laut auf der warmen Spur oder zumindest Fährte. Das wird aus gutem Grund von Stöberhunden erwartet.

SPURLAUT

Der Hund jagt auf der warmen Spur von Hasen oder Fuchs. Der meist hohe Spurlaut am Hasen wird häufig unterbrochen, da die Hunde die Spur immer wieder verlieren und sich daraufhin neu einbögeln müssen. Der Spurlaut am Fuchs kommt Schlag auf Schlag in schnellem Tempo und klingt meist etwas gierig und giftig. Der Spurlaut ist von uns in der Ausbildung von großer Wichtigkeit und wird gesondert vertieft behandelt.

FÄHRTENLAUT

Der Hund jagt auf der warmen Fährte von allem Schalenwild. Der Fährtenlaut wird anfangs mit kurzen Unterbrechungen eingeläutet, der Hund muss die Reizlage in den ersten Sekunden auswerten. An Horn- und Geweihträgern ist der Laut eng getaktet, vehement und nur selten unterbrochen, da die Fährten gut zu halten sind. Beim Schwarzwild klingt der Laut wesentlich aggressiver und überschlägt sich regelmäßig, wenn die Hunde auf Sicht kommen. Wenn sich Schwarzwild stellt, wandelt sich der Fährtenlaut auch oft zum Standlaut. Der Fährtenlaut ist die Grundvoraussetzung für den Einsatz eines Hundes auf der Stöberjagd. Wir widmen uns diesem Laut an anderer Stelle ganz besonders tief.

STECHLAUT

Der Stechlaut ertönt dann, wenn ein Hund unvermittelt ein Stück aus der Sasse oder

SPURLAUT? FÄHRTENLAUT?

Spur- und Fährtenlaut unterscheiden sich lediglich anhand der Wildart, die mit ihren Pfoten, Branten oder Schalen die Bodenverwundung getreten und die Geruchsspur hinterlassen hat. War es beispielsweise ein Hase mit seinen Pfoten oder ein Fuchs mit den Branten, dann spricht man von einer *Spur* (nur die Brackenjäger nennen auch das traditionell eine Fährte). Ein Hund, der auf der frischen Hasen- oder Fuchsspur zu bellen anfängt (Laut gibt), ohne das Wild zuvor gesehen zu haben, ist also spurlaut. Stammt die frische Wildfährte von einem Reh, einem Stück Rotwild oder einer Sau bzw. deren Schaleneingriffen im Boden, und gibt der Hund hier ohne vorherigen Sichtkontakt zum Wild Laut, so spricht man vom Fährtenlaut.

Allgemein gilt: Je schwerer das Wild, desto intensiver ist die Duftspur, also der Reiz der Spur oder Fährte, und desto wahrscheinlicher ist es, dass ein Hund Laut auf der frischen Spur/Fährte zeigt. Warum manche Hunde nicht spurlaut auf dem Hasen sind, aber sehr wohl fährtenlaut auf einer Reh- oder Schwarzwildfährte, beleuchten wir auf Seite 79).

dem Lager hochmacht, also noch keine frische Fährte vorhanden ist. Der Laut klingt komplett überrascht, sehr vehement, sehr kurz getaktet und laut überschlagend. Der Stechlaut ertönt nur wenige Sekunden lang und wird dann zum Fährten- oder Spurlaut. Für alle Jagdbeteiligten ist dann höchste Konzentration angesagt, da direkt mit Wildkontakt gerechnet werden muss.

SICHTLAUT

Wenn der Hund auf Sicht an flüchtendes Wild kommt, wird der Laut schneller, manchmal höher und überschlägt sich immer wieder. Der Sichtlaut reicht nicht für die Stöberarbeit aus, da er ohne vorherigen Fährtenlaut das Wild überrascht und es zu Hetzsituationen kommt.

STANDLAUT

Der Hund ist am Stück und stellt es. Der Standlaut ist ein Signal, mit dem der Hund den Führer zu sich ruft. Er wird oft in einer tieferen Tonlage angegeben. Die einzelnen Laute ertönen regelmäßig und werden kurz schneller sowie aggressiver, wenn das Stück ausbrechen will oder schnelle Bewegungen macht. Standlaut sollte nach Freigabe durch die Jagdleitung unbedingt vom nächst positionierten Hundeführer angegangen werden. Der Hund benötigt hier Hilfe.

Tiefes, agressiv klingendes Bellen – Standlaut: Der Hund hat Wild gestellt.

WAIDLAUT
Der Waidlaut ist der Laut eines jagenden Hundes ohne Fährte und muss als Wesensschwäche in der Art einer übersteigerten und unkontrollierten Arbeitsweise mit zu niedriger Reizschwelle gesehen werden. Waidlaute Hunde schließen sich oft auch zufällig kreuzenden, fährtenlaut jagenden Hunden an und werden dabei laut. Zur Stöberarbeit sind diese Hunde ungeeignet.

HETZLAUT
Der Hetzlaut kommt hauptsächlich bei Schweißhunden vor, die direkt auf der ganz frischen Wundfährte zur Hetze geschnallt werden, und ist dem Sichtlaut sehr ähnlich. Kommt der Hund zum Stück, wandelt sich der Hetzlaut zum Sichtlaut und dann zum Standlaut.

KONTAKTLAUT
Hunde, die nach dem Verfolgen einer frischen Fährte abbrechen und sich neu orientieren müssen, geben oft einen Kontaktlaut von sich. Gerade als gut eingearbeiteter Durchgehhund gibt der Hund einen einzelnen hellen, fast jaulenden Kontaktlaut ab, der vom Führer mit lautem Ruf beantwortet wird. Manchmal ertönt dieser Laut auch wiederholt auf der Rückfährte zur Treibergruppe.

TOTVERBELLEN
Ähnlich dem Standlaut ist das Totverbellen, bei dem der Hund ebenfalls den Führer zu sich ruft und durch monotones, gleichmäßiges Bellen auf sich aufmerksam macht. Totverbellen kann hilfreich bei der Schweißarbeit sein, ist das bei Stöberjagden aber nicht. Stöbernde Hunde sollen ja nicht bei erlegtem Wild bleiben und es totverbellen, sondern weiterstöbern.

LAUTES TOTVERWEISEN
Findet ein Hund ein erlegtes Stück Wild, kann er zum Führer zurückkommen und ihn stumm durch Blickkontakt oder Laut auffordern, ihm bis zum Stück zu folgen. Der Laut klingt dabei fordernd und kommt in lockerer Taktung. Gerade bei Durchgehern kann das sehr hilfreich sein.

STÖBERJAGD NICHT OHNE SPUR- ODER FÄHRTENLAUT

Nicht umsonst wird die Jagd mit stöbernden Hunden gern als „Laute Jagd" bezeichnet. Stöberhunde auf Schalenwilddrückjagden sollten unbedingt einen stabilen Spur- oder mindestens Fährtenlaut mitbringen (im weiteren Verlauf wird der Fährtenlaut stellvertretend für beide Laut-Arten verwendet). Wichtigstes Argument hierfür ist der Tierschutz.

KALKULIERBARKEIT
Fährtenlaute Hunde sind für das Wild eine kalkulierbare Gefahr, denn sie hören den Hund aus meist mehreren hundert Metern Entfernung herannahen. Je nach Bewuchs, Topografie und Wetter kann der Laut zwischen 200 Meter und 400 Metern, selten weiter, auch vom menschlichen Gehör vernommen werden, noch weiter also von einem Stück Wild. Die Konsequenz ist, dass das frühzeitig gewarnte Wild langsam und weit vor dem Hund davonzieht und nicht in Panik verfällt. Rehe beispielsweise legen da-

---

TIPP

Auch das ist wichtig: Hunde, die eine Wildfährte laut arbeiten, tun dies langsamer als stumme Hunde, weil in die Konzentration auf die Fährte investiert werden muss und auch das Lautgeben etwas Energie kostet. Es gilt: *Laut jagt langsam, stumm jagt schnell.*

Laut jagende Hunde sind berechenbar. Das Wild kann sich am Hundelaut orientieren.

bei manchmal kleine „Hörpausen" ein, d. h., sie sichern rückwärtig, um festzustellen, ob der Verfolger schon abgelassen hat bzw. wie nahe er ist.

STUMM ERZEUGT PANIK UND FASST VIELLEICHT

Hunde, die auf der frischen Wildfährte stumm jagen, können sich bis auf wenige Meter an gesundes Wild heranarbeiten, ohne von ihm bemerkt zu werden. Das Resultat sind dann höchst erschrockene Wildtiere, die in Panik davonpreschen oder von schnellen Hunden auch gesund gefasst werden – spätestens, wenn sie an irgendein Hindernis geraten oder sich gar kurzzeitig in einem Zaun verfangen.

HETZJAGDVERBOT

Das Bundesjagdgesetz regelt in § 19 unter Ziffer 13, dass die Hetzjagd auf Wild verboten ist. Zusätzlich gibt das Tierschutzgesetz in § 3 Abs. 8 an, dass es verboten ist, ein Tier auf ein anderes zu hetzen, außer es ist für die weidgerechte Jagdausübung und den Hundeeinsatz unbedingt notwendig (z. B. Hetze bei Nachsuchen).

Auch in diesem Zusammenhang ist der Spur- oder Fährtenlaut unserer eingesetzten Stöberhunde eine wichtige Eigenschaft, um den Verdacht einer Hetzjagd nicht aufkommen zu lassen und die weidgerechte Jagd zu untermauern. Hetze ist den wenigen existierenden Beurteilungen von Rechtsanwälten zufolge in der von vornherein bestehenden Unterlegenheit des Wildes gegenüber dem Hund begründet. Ist der Hund laut auf der frischen Wildfährte, kommt diese Unterlegenheit nicht zum Tragen, denn das Wild hat eine reale Chance, den Verfolger einzuschätzen und nicht mit ihm in direkten Kontakt zu kommen.

SAUBERE SCHÜSSE

Langsam ziehendes und hin und wieder vor dem Hund pausierendes Wild ist die perfekte Voraussetzung, um einen sicheren Schuss anzutragen, was zum zweiten Argument für spur-/fährtenlaute Stöberhunde überleitet: einer erfolgreichen, sicheren und damit tierschutzkonformen Erlegung von Wild. Langsam ziehendes Wild ist verständlicherweise leichter zu beschießen als hochflüchtiges. Außerdem ist dem versierten Drückjagdschützen auch der noch entfernte Laut des Hundes eine willkommene Information. Vernimmt er den sich nähernden Hundelaut auf der Reh-, Schwarzwild oder Rotwildfährte, so heißt das: „Mach dich bereit, gleich kommt was." Denn wie erwähnt, zieht das Wild oft weit vor dem fährtenlauten Hund und kommt meist schon in Anblick, wenn der Hundelaut noch weiter entfernt ist. Last, not least kann Wild dann in aller Regel auch beschossen werden, ohne den jagenden Hund zu gefährden.

SICHTLAUT GENÜGT NUR IM AUSNAHMEFALL

Sichtlaute Hunde – Hunde also, die nur bei Sichtkontakt zum Wild Laut geben – sind in dickungsreichen Waldkomplexen mit kurzen Sichtweiten von meist wenigen Metern aus oben genannten Gründen ebenfalls ungeeignet für die Stöberjagd auf Schalenwild. Einzelne Ausnahmen können Hunde bilden, die zusammen mit dem Hundeführer als Durchgehhunde arbeiten und Wild zuverlässig nur sehr kurz anjagen. Dies funktioniert erfahrungsgemäß jedoch nur in Einzelfällen und bei sehr gezielter und konsequenter Einarbeitung.

Das Wild kommt häufig weit vor seinen fährtenlauten Verfolgern. Das Ergebnis sind saubere Schüsse.

Es gilt deshalb: Geeignete Hunde für die Stöberjagd auf Schalenwild sind Hunde mit zuverlässigem Spur- und/oder Fährtenlaut.

WEITERE WICHTIGE ANLAGEN

Das Genmaterial unserer Jagdhunde beinhaltet neben der Veranlagung zum Laut auch weitere wichtige Anlagen wie den Willen, Wild zu finden, und die Art der Suche nach Wild.

FINDERWILLE

Der sogenannte Finderwille ist essenziell für die gute Arbeit eines Stöberhundes, denn er motiviert den Vierbeiner zu Höchstleistungen und zu sorgfältigem Durchkämmen von Gebieten auf der Suche nach Wild. Hunde mit starkem Finderwillen geben auch in schwierigerem Gelände nicht auf und vermögen auch bei geringen Wilddichten erfolgreich Wild aufzustöbern.

ART DES SUCHENS

Die Art der Suche, also wie Stöberhunde Wild suchen, definiert sich maßgeblich aus dem Finderwillen, wenngleich die Ausbildung durch uns Hundeführerinnen und Hundeführer natürlich auch einen Beitrag leistet. Ob ein Hund allerdings engmaschig in Schleifen oder eher großräumig umschlagend in einem Gebiet nach Wild sucht, hat auch eine züchterische Grundlage und kann daher in Rassen oder Schlägen einzelner Rassen entsprechen beobachtet und weitervererbt werden.

SPURTREUE

Ein weiterer wichtiger züchterischer Aspekt unserer Stöberhunde ist die Spurtreue. Sie definiert, wie sicher ein Hund eine Fährte arbeitet, d. h., wie akribisch und fokussiert er ihr folgt, ohne Verleitungen anzunehmen oder sie mangels Konzentration zu verlieren.

SELBSTBELOHNENDE ANLAGEN

Für Hunde mit diesen erblichen Veranlagungen ist die Tätigkeit des Stöberns, also das Suchen und Verfolgen von frischen Wildfährten, an sich schon eine Belohnung. Sie ziehen die Motivation und die Bestätigung der eigenen Arbeit zum Teil bereits aus diesem Tun, auch ohne finale Erlegung des Wildes durch den Schützen. Das macht sie zu besonders geeigneten Hunden für diese Art von jagdlicher Arbeit.

Außerdem definieren die beiden Eigenschaften Finderwillen und Spurtreue auch den Rahmen, wie weiträumig und eigenständig ein Hund später zu stöbern in der Lage ist. Das müssen wir dann in der gezielten Ausbildung des Vierbeiners berücksichtigen.

WILDSCHÄRFE

Wildschärfe bedeutet die Fähigkeit und den Willen des Hundes, krankes Nutzwild zur Strecke zu bringen – also zu packen, niederzuziehen und nach Möglichkeit auch zu töten. Sie zeigt sich dem am wenigsten wehrhaften Rehwild, aber auch anderen Schalenwildarten wie Schwarz- oder Rotwild gegenüber. Ein Stück Rotwild oder eine Sau abzutun, übersteigt in aller Regel natürlich die körperlichen Möglichkeiten eines Hundes.

Auf der Nachsuche kranken Wildes z. B. ist Wildschärfe zweifelsohne eine unabdingbare Eigenschaft, aber benötigen wir sie auch bei der Stöberjagd?

Da die oben beschriebenen Anlagen wie Art der Suche und Finderwille schon ein gezieltes Such-, Finde-, und Verfolgungsverhalten am Wild gewährleisten, ist es prinzipiell möglich, auch mit wenig wildscharfen Hunden Wild bei der Drückjagd auf die Läufe zu bringen. Eine ausgeprägtere Wildschärfe ist hier dennoch von Vorteil, denn trotz besten Willens wird Wild auf einer Drückjagd gelegentlich ebenfalls krankgeschossen und mitunter stellt es sich dem Hund auch ge-

Der Finderwille ist ihm förmlich anzusehen.

ZIELBILD STÖBERHUND

Die Zielvorstellung von einem für die Stöberarbeit im Wald geeigneten Hund ist ein Jagdhelfer, der motiviert und konzentriert frische Wildfährten sucht, diese findet und laut verfolgt. Wild, dass sich nicht aus dem Einstand bewegen will (z. B. Schwarzwild in Dickungen) wird dabei hartnäckig, aber nicht kopflos, bedrängt. Nach der lauten Jagd kehrt der Hund in einer angemessenen Zeit wieder zum Führer zurück.

sund. Ob der Hund auch in diesen Situationen das Wild hartnäckig genug bedrängt und z. B. festliegende Sauen hochmacht oder auch Rehwild, ein Rotwildkalb oder einen schwachen Überläufer mit schlechtem Schuss abtut bzw. bindet, bis der Hundeführer kommt, hängt nicht zuletzt von der Wildschärfe ab.
Zu viel Wildschärfe, gepaart mit der Unerfahrenheit junger Hunde, kann allerdings bei dieser Arbeit auch nachteilig sein, denn sie bedingt meist kopfloses Agieren an wehrhaftem Wild, was die Verletzungsgefahr für den Hund erhöht. Hier spielen die Heranführung und die gezielte Einarbeitung an wehrhaftes Wild, vor allem an Schwarzwild, eine große Rolle – das natürlich auch bei nicht übermäßig wildscharfen Hunden (siehe Kap. „Einarbeitung an Schwarzwild“, S. 116).

Wildschärfe an Schwarzwild ist keine Selbstverständlichkeit. An dieser Wildart muss die Einarbeiung sehr umsichtig erfolgen.

PERSÖNLICHE VORAUSSETZUNGEN UND JAGDLICHE ZIELE

Viele unserer Hunderassen bringen die notwendigen Voraussetzungen für einen brauchbaren und zuverlässigen Stöberhund mit. Die einzelnen Charakteristika verschiedener Rassen werden in Kapitel 2.4. beschrieben. Doch das ist nur die eine Seite. Denn als künftige Besitzerin oder künftiger Besitzer eines Stöberhundes muss man nicht zuletzt sich selbst fragen und ehrlich beantworten, in welchem jagdlichen und privaten Umfeld man sich befindet, und ob man wirklich einen Stöberhund möchte oder braucht. Einem Stöberhundeführer in spe müssen einige Fakten klar sein.

AUSBILDUNG UND AUSLASTUNG

Stöberhunde müssen wie alle anderen Jagdhunde auch ausgebildet und dauerhaft ausgelastet werden. Ihre Passion ist die Stöberarbeit, das heißt: Der Hundeführer muss auch ein passionierter Drückjagdschütze sein oder in den Monaten Oktober bis Januar als durchgehender Hundeführer so manche Stunde in Wäldern und Dickungen verbringen wollen.

ARBEITSMÖGLICHKEITEN FÜR DEN HUND

Mit zwei oder drei Drückjagden ist es dabei nicht getan, denn wer einen richtigen Stö-

TIPP

Von der Wildschärfe gegenüber potenziellen Beutetieren zu unterscheiden, ist die Raubwildschärfe. Darunter wird die Bereitschaft und Fähigkeit verstanden, „Nahrungskonkurrenten“, wie z. B. Fuchs, Marder oder Waschbär, zu packen und abzutun.

berhund besitzt und möchte, dass dieser auch seinen entsprechenden Auftrag gut erfüllt (also Erfahrung sammelt), sollte über ausreichend Einladungen zu Drückjagden verfügen und im Schnitt mindestens sechs bis sieben solcher Stöberjagden in Herbst und Winter besuchen – mehr sind besser. In den anderen Jagdmonaten können Stöberhunde bei guter Einarbeitung und Training sehr wohl auch zur Nachsuche eingesetzt werden, wobei hier Wechselwirkungen zu beachten sind, die wir im Kapitel „Wechselwirkungen und Inkonsitenz beim Einsatz", S. 146. genauer beleuchten.

MIT DURCHGEHEN VERLANGT FITNESS

Möchte ich mit dem Hund auf Stöberjagden als treibender Hundeführer durchgehen, komme ich nicht umhin, auch mir eine gewisse körperliche Fitness anzutrainieren, denn wo der Hund suchen soll, muss auch ich hin, egal ob bergauf oder bergab.
Kann man die aufgeführten Punkte bestätigen, wird die Jagd mit eigenem Stöberhund viel Freude bringen, wenn man sie gezielt angeht. Wird man bei den genannten Dingen stutzig oder verneint sie sogar, sollte das Projekt „Stöberhund" noch einmal kritisch überdacht werden.

STÖBERHUND AUS ZWEITER HAND?

Der Weg zum Stöberhund geht manchmal nicht geradeaus, sondern über Umwege, und so ist es nicht selten, dass man einen bereits ausgewachsenen Hund bei sich aufnimmt und diesen jagdlich führen möchte. Auch hier ist es möglich, einen mehrjährigen Hund, der die passenden Anlagen mitbringt, zu einem soliden Jagdbegleiter und Stöberhund auszubilden. Je nachdem, was der Vorbesitzer mit ihm bereits gemacht hat, muss die Ausbildung entsprechend ansetzen. Nicht unterschätzen darf man dabei aber, dass die wichtigen Monate und Jahre (Wel-

Wer mit dem Hund durch dick und dünn geht, muss auch selbst körperlich recht fit sein.

Bei Übernahme eines älteren Stöberhundes muss intensiv an der Führerbindung gearbeitet werden.

pen- und Junghundezeit) für den Aufbau einer bedingungslosen Führerbindung und das Kennenlernen der Wildarten bei Stöberhunden aus zweiter Hand in der Regel schon verstrichen sind. Das grundlegende Vertrauen zum Hundeführer und das starke Interesse an bestimmten Wildarten sowie die angstfreie durchdachte Arbeit am Schwarzwild sind mit bereits ausgewachsenen Hunden schwerer zu erreichen, unter Umständen nie. Versierte Hundeführer setzen deshalb meist nur auf die Hundeausbildung vom Welpen an, weil sie um deren Vorteile wissen.

Ein großes Herz für Stöberhunde ohne Zuhause kann aber auch nach konsequenter Arbeit mit Vertrauen und Einfühlungsvermögen von Erfolgt gekrönt sein. Falls es ein Hund ohne Zuchtpapiere ist, sollte man sich vorab sehr genau informieren, ob und wo dieser für den späteren Jagdeinsatz Leistungsnachweise erbringen kann.

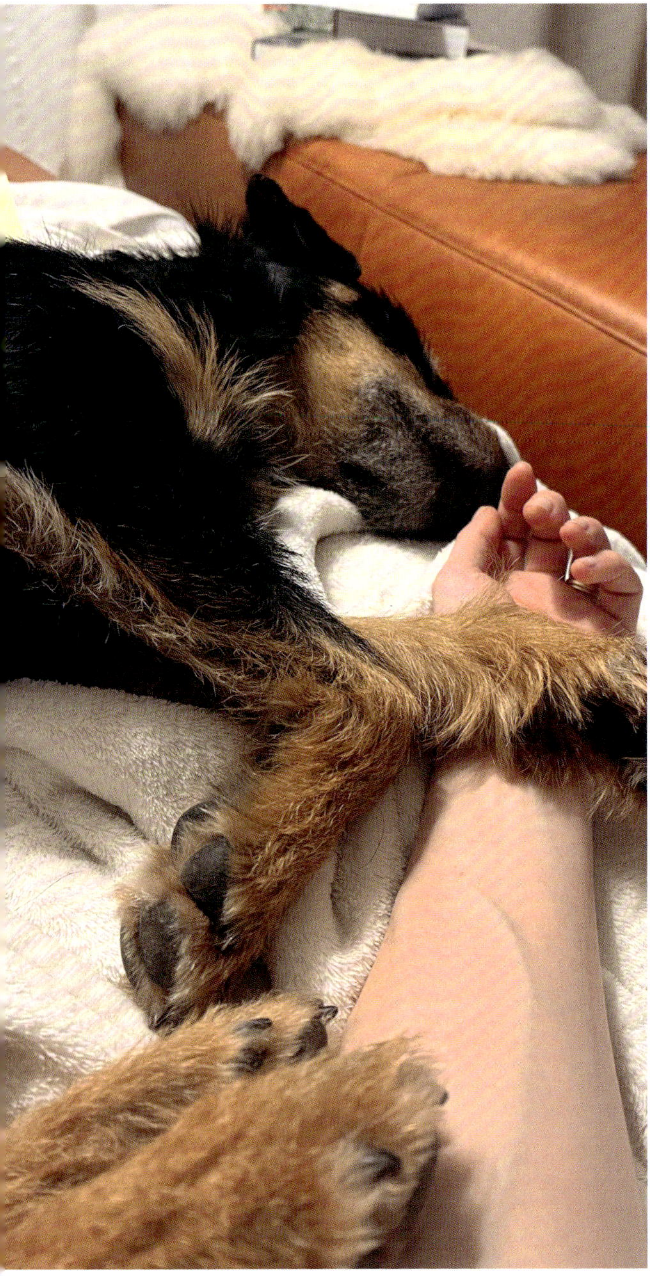

Nähe von Anfang an ist wichtig! Sie mit einem älteren Hund „aus zweiter Hand" herzustellen, verlangt Einfühlungsvermögen.

Checkliste

EIGNUNGSCHECK STÖBERHUNDEFÜHRER

Wer mit dem Gedanken spielt, sich einen Stöberhund zuzulegen, sollte folgende Punkte bejahen können.

- ☐ Ich bin leidenschaftlich gern Schütze auf Drückjagden/Ich will mit meinem Hund im Team jagen und auf Drückjagden durchgehen.
- ☐ Ich bin körperlich fit.
- ☐ Ich habe Möglichkeit, auf mindestens sechs bis sieben Drückjagden im Jahr mit Hund zu gehen.
- ☐ Ich kann den Hund auch von Februar bis September jagdlich auslasten (einfache Nachsuchenarbeit o. Ä.).
- ☐ Ich habe in den nächsten zwei Jahren ausreichend Zeit für die Ausbildung eines Jagdhundes (mind. fünf Stunden pro Woche ohne normale Spaziergänge/Gassigehen).

Treffen alle Punkte auf Sie zu, stehen die Zeichen gut, dass Sie viel Freude am Jagen mit einem eigenen Stöberhund haben werden.

STANDSCHNALLER VS. DURCHGEHER – GETRENNTE DISZIPLINEN

Inzwischen ist klar, was ein Stöberhund bei Drückjagden im Wald mitbringen muss und grundsätzlich tut. Nun gibt es aber für die Jagd auf Schalenwild zwei unterschiedliche Arten des Hundeeinsatzes. Sie unterscheiden sich darin, wie die vier Bestandteile der Hundearbeit ausgeführt werden, nämlich

— das Suchen,
— das Finden,
— das laute Arbeiten hinter Wild,
— die Rückkehr zur Hundeführerin bzw. zum Hundeführer.

Wir unterscheiden je nach Einsatzart zwei Varianten stöbernder Hunde:

Standschnaller sind Hunde, die am Stand geschnallt werden und von dort aus selbstständig stöbern. Den Begriff „Standschnaller" verwenden wir im Weiteren für diese Hunde.

Durchgeher sind Hunde, die in der Treibergruppe um den Hundeführerin oder den Hundeführer herumstöbern. Auch der Begriff „Durchgeher" taucht nachfolgend immer wieder auf.

Die genannten Disziplinen sind sich in vielen Bereichen ähnlich, aber in ein paar Punkten derart unterschiedlich, dass sie unbedingt auch eine andere Einarbeitung voraussetzen (siehe Kapitel „Die Einarbeitung ins Stöbern", S. 90). Zunächst deshalb die grundlegenden Unterschiede.

HUNDEFÜHRER: STATISCH ODER MOBIL

Während beim Standschnaller der Hundeführer auf seinem Drückjagdbock den statischen Fixpunkt darstellt, um den der Hund kreist und Wild sucht, ist der Hundeführer beim Durchgeher ein Element in ständiger Bewegung. Der Hund muss sich als Durchgeher also immer wieder neu orientieren, um im „Team" bleiben zu können, während er als Standschnaller die Sicherheit besitzt, seinen Hundeführer immer dort wiederzufinden, wo die Stöberjagd begonnen hat, nämlich am Stand. Dies sind zwei gänzlich unterschiedliche Ausgangsvoraussetzungen für den Hund.

UNTERSCHIEDE IN DER HUNDEARBEIT

SUCHRADIEN

Standschnaller

Ein gut eingearbeiteter Standschnaller durchstöbert das Gebiet um seinen Hundeführer in ungefähr einem Radius von 300 Metern. Damit arbeitet er eine wirklich beachtliche Fläche von fast 30 Hektaren während eines zwei- bis dreistündigen Triebs durch. Er beginnt dabei in kleineren Kreisen um den Stand des Hundeführers, die er immer größer zieht, solange er noch kein Wild gefunden hat.

Durchgeher

Beim Durchgeher kann die durchgearbeitete Fläche am Ende des Treibens ähnlich groß sein, er arbeitet dabei allerdings grundverschieden: Der Durchgehhund sucht nor-

Gut zu sehen: Nach dem Schnallen baut der Hund systematisch seine Suche auf.

Der Durchgeher arbeitet im Team mit seiner ebenfalls durchgehenden Hundeführerin.

malerweise quer in Bögen zu seinem Hundeführer bzw. zur Treibergruppe in idealen Abständen von 50 bis 150 Metern. Weil sich Führerin oder Führer permanent vorwärtsbewegen und der Hund den Kontakt zu ihnen aufrechterhalten will, sind die Radien seiner aktiven Wildsuche normalerweise entsprechend kleiner und verschieben sich stetig in Richtung der Route nach vorn.

JAGDDISTANZ

Standschnaller

Hat der Standschnaller eine frische Wildfährte gefunden, so beginnt die laute Jagd, die sich im Optimalfall nicht weiter als einhalb bis zwei Kilometer vom Hundeführer wegbewegt. Die Jagd geht dabei meistens nicht geradeaus, denn das Wild – und hier vor allem Rehwild – legt Widergänge ein und zieht Schleife, um so den feinnasigen Verfolger auszutricksen. Die vom Hund tatsächlich zurückgelegte Strecke bei einem solchen einzelnen Jagdausflug kann daher weit mehr Kilometer betragen als die Luftlinienentfernung zum Hundeführer.
Wird das Wild erlegt, so kehrt der Standschnaller danach bestenfalls wieder in das Umfeld des Hundeführers zurück, um die Umgebung um den Stand herum erneut abzustöbern. Wird das Wild nicht erlegt, so sollte der Standschnaller nach der maximalen, oben genannten Luftlinienentfernung selbstständig von der Fährte ablassen und ebenfalls in die Standnähe zurückkehren, um eine erneute Suche zu starten.

Durchgeher

Der Durchgeher muss sich stärker und engmaschiger als der Standschnaller an seinem Hundeführer orientieren und jagt daher auch kürzer auf frischen Wildfährten. Die laute Jagd von Wild geht bei ihm im Normalfall zwischen 200 und 400 Metern Luftdistanz zum Führer, bevor er ablässt und zurückkehrt. Das ist wichtig, weil der Hundeführer in der Zwischenzeit vielleicht schon vor der nächsten Brombeerdickung steht und den Hund und dessen Nase wieder braucht. Gut eingearbeitete, verlässliche Durchgeher werden ihrer Arbeitsweise wegen gern in Gebieten in relativer Nähe zu Straßen eingeplant, weil dort das Risiko für weitjagende Standschnaller zu groß wäre.

RÜCKKEHR

Auch die Dauer bis zum Zurückkehren zum Hundeführer unterscheidet sich bei beiden Disziplinen deutlich. Dies ist der unterschiedlichen Distanz und, damit einhergehend, der unterschiedlich langen Nasenarbeit auf einer Fährte geschuldet.

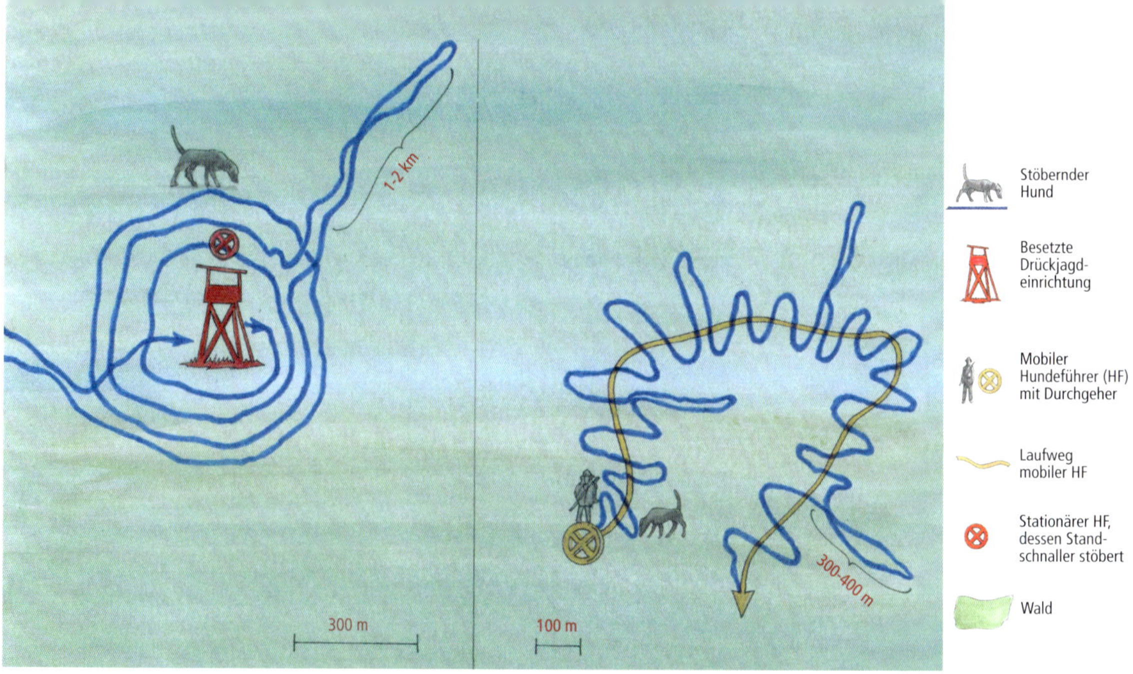

Standschnaller (l.) sucht kreisförmig um den Hundeführer und jagt Wild etwa bis 1500 m heraus. Durchgeher sucht in 50- bis 150-m-Radien vor dem Führer und bricht die laute Jagd meist nach 200 bis 500 m ab.

Während ein Standschnaller in Intervallen von ca. 60 bis 120 Minuten in Kontakt zum Hundeführer geht, sollte der Durchgeher nach der Ausarbeitung einer frischen Fährte binnen fünf bis 20 Minuten wieder zurück beim Führer sein. Kontakt aufnehmen heißt dabei in beiden Fällen nicht zwangsweise Blick- oder gar Körperkontakt, sondern in Sichtweite kommen und sich neu am und um den Führer zu orientieren.

GRAD DER SELBSTSTÄNDIGKEIT

Standschnaller

Die bislang genannten Unterschiede zeigen schon deutlich, dass der Standschnaller einen höheren Grad an selbstständiger Arbeit zeigt als der Durchgeher. Standschnaller sind ab dem Punkt des Schnallens auf sich gestellt, treffen alle Entscheidungen selbst, orientieren sich selbst und erhalten nur im Falle des Stellens oder gar Bindens Hilfe vom Hundeführer, soweit möglich. Hier entscheidet ganz besonders die Einarbeitung darüber, ob ein Hund ohne menschliches Zutun genügend Druck auch in schwierigen Situationen wie bei sich stellendem wehrhaften Wild aufbaut.

Durchgeher

Der Durchgeher arbeitet eng mit dem Hundeführer zusammen, er lässt sich gezielt schicken, der Hundeführer und er halten auch akustisch über Rufen (und manchmal auch bestimmtes Bellen) Kontakt. Jagt der Hund Wild bzw. stellt er es oder findet er krankes Wild, geschieht das in der Regel in Reichweite des Hundeführers.
Richtet sich die Treibergruppe neu aus oder macht eine kurze Pause, bleibt auch der

Der Durchgeher sucht immer wieder den Kontakt zu seiner zweibeinigen Partnerin.

Durchgeher in der Nähen. Hund und Mensch jagen in diesem Fall als eingespieltes Team gemeinsam.

WIE WICHTIG IST MIR EIGENES BEUTEMACHEN?

Die Entscheidung, sich Bewegungsjagden mit einem Durchgeher ins Treiben zu gehen, impliziert natürlich auch die Bereitschaft, zugunsten der Jagd im Team mit dem Hund in der Regel darauf verzichten zu müssen, selbst Wild zu erlegen. Der Schusswaffengebrauch ist Durchgehschützen nach § 4 Abs. 11 der Unfallverhütungsvorschriften Jagd (VSG 4.4) nur zum Eigenschutz, für Fangschüsse und für Schüsse auf von Hunden gestelltes Wild gestattet.

01 Reales Suchmuster: Ständige Flächenüberprüfung im Hochsitzumfeld und Verfolgung gefundenen Wildes bis zur Erlegung.

02 Aus der Praxis: Der eingearbeitete Durchgeher stöbert quer zur Treiberwehr und bleibt in der Nähe.

WAS WILL ICH: STANDSCHNALLER? DURCHGEHER?

Wichtig: Welche der beiden Stöberdisziplinen mein Hund später erfüllen soll und wird, ist maßgeblich eine Sache der Einarbeitung. Es gibt Jagdhunderassen, die sich tendenziell ihrer Gene und Physis wegen etwas mehr für das eine oder andere eignen (siehe Infobox S. 59). Grundsätzlich gilt aber bei der Frage Standschnaller oder Durchgeher, dass zunächst ich mir als Hundeführer/-führerin überlegen muss, was ich möchte. Bin ich lieber Schützin oder Schütze am Stand, so werde ich mit einem Standschnaller natürlich glücklicher. Will ich mit dem Hund eng im Team agieren und mich mit ihm durch junge Waldbestände und Dickungen arbeiten, dann brauche ich einen Durchgeher an meiner Seite. Mit welchen Hunderassen diese zwei Stöberdisziplinen besonders gut funktionieren können und wie die gezielte Einarbeitung aussehen kann, erläutern wir im weiteren Verlauf des Buches.

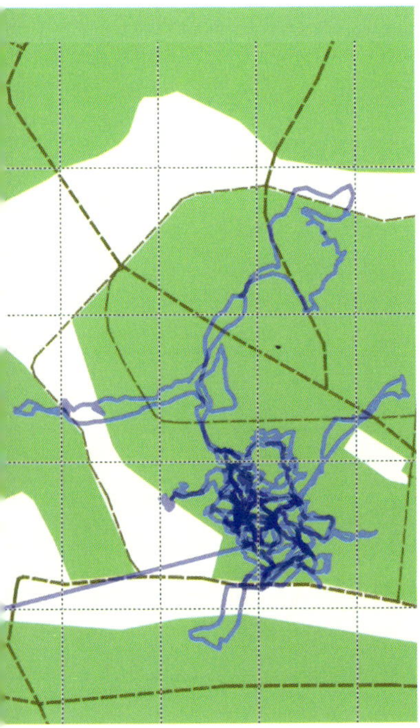

01

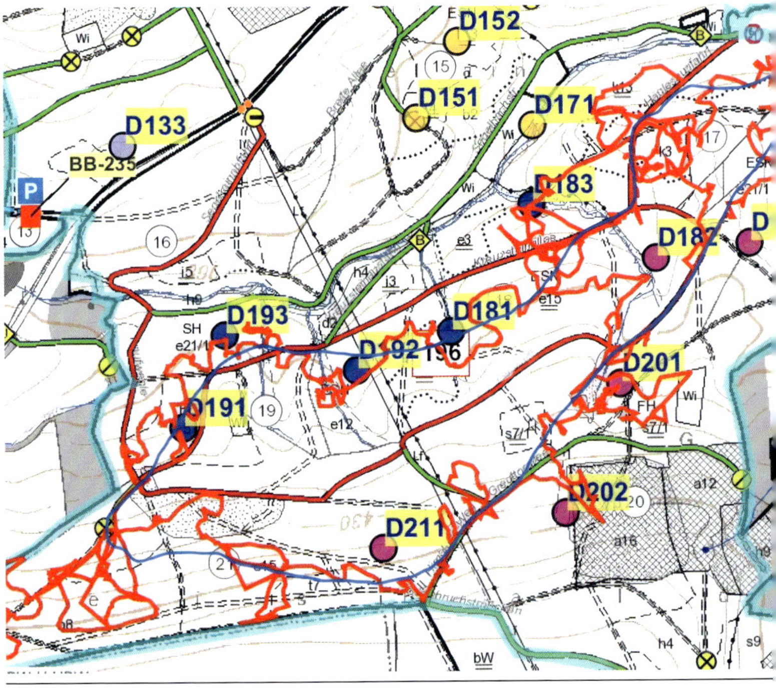

02

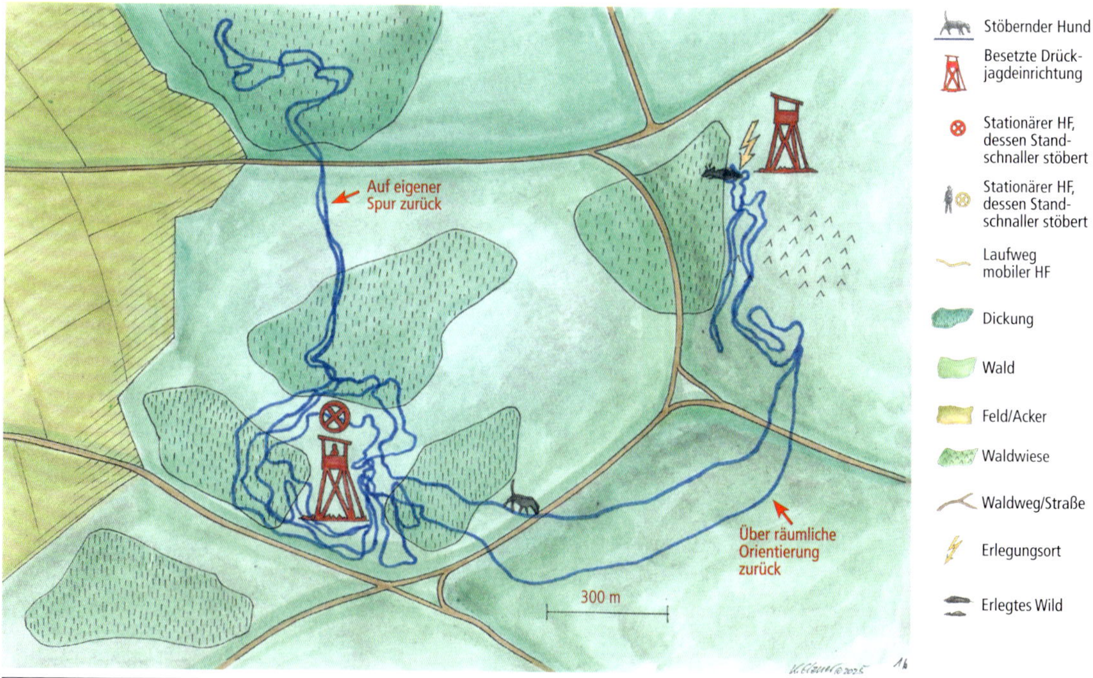

Stimmen Einarbeitung und Jagderfahrungen, kommt die Arbeit des Standschnallers diesem illustrierten Optimum eines realen GPS-Tracks (Alpenländische Dachsbracke) nahe. Nachdem der Hund gefundenes Wildes etwa 1 km gejagt hat, kehrt er ins Umfeld des Hundeführerstands zurück.

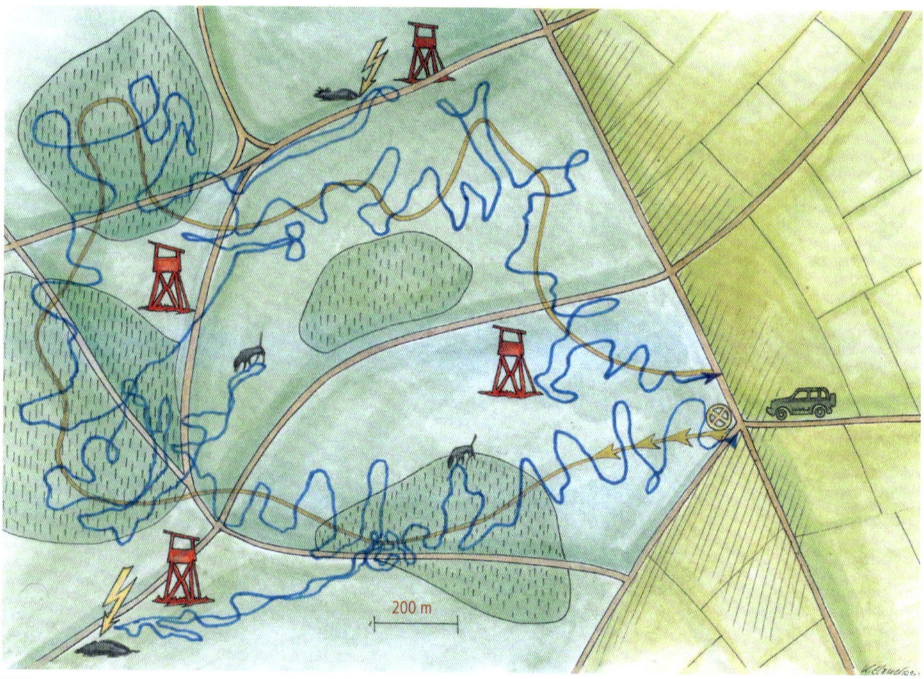

Nahezu optimaler GPS-Track eines eingearbeiteten Durchgehers (Jagdterrier): Der Hund sucht in enger Verbindung zum Hundeführer und jagt Wild nur kurz an.

HUNDEAUSWAHL

Nachdem nun bereits wichtige Anlagen von Stöberhunden, wie z. B. der Finderwillen (Art der Suche), die Spurtreue, die Wildschärfe oder der Fährtenlaut angesprochen wurden, ist es natürlich wichtig zu wissen, wie man die Ausprägung dieser Anlagen beim künftigen Hund am besten einschätzen und bestenfalls auch in der Auswahl von Rasse und Verpaarung berücksichtigen kann.

ENTSCHEIDUNGSHILFE ZUCHTVERANTWORTLICHE

Wichtige Verbündete in allen Fragen rund um die Anlagen zum Stöberhund, aber auch die Ausbildung und Alltagstauglichkeit sind die Menschen, die mit der Jagdhunderasse viele Erfahrungen gemacht und diese reflektiert aufgearbeitet haben. Meistens findet man solche Personen im Dunstkreis der jeweiligen Zuchtvereine.

ZUCHTVEREINE

Zuchtwarte, Landesvorsitzende und oft auch Züchter verfügen in aller Regel über viel Wissen rund um die Hunderasse und teilen es gern mit Interessenten. Auch ihnen muss ja daran gelegen sein, die Hunde ihrer Rasse in möglichst passende Hände abzugeben: Sowohl die Expertenseite muss die individuellen Vorstellungen des möglichen Hundeführers vom „seinem" Stöberhund erfahren, als auch der Interessent über die Anlagen, welche die Hunde dieser Rasse bzw. der Wurf eines bestimmten Züchters realistisch erwarten lässt, informiert werden.

AUSTAUSCH MIT DEM ZÜCHTER

Um zu beurteilen, ob die Welpen aus der Rasse und der entsprechenden Verpaarung das Richtige für einen Interessenten sind, wird ein solider Züchter ihn meist zu seinem jagdlichen Hintergrund, den Revierverhältnissen und der Jagdpraxis befragen. Ziel ist es, herauszufinden, ob die Voraussetzungen, den Hund entsprechend ausbilden und später auch jagdlich angemessen führen zu können, vorliegen. Des Weiteren sollten Fragen zum beruflichen und familiären Alltag folgen, um einschätzen zu können, ob dem Bewegungs- und Arbeitsdrang des Hundes ausreichend Raum gegeben werden kann. Diese Fragen zielen keineswegs darauf ab, das Gegenüber bloßzustellen oder Erstlings-

Ein frühzeitiger Austausch mit Zuchtexperten klärt die gegenseitigen Erwartungen und verhindert späteren Frust.

hundeführer auszuschließen. Sie dienen dazu, den – jagdlichen und nichtjagdlichen – Alltag eines Kaufinteressierten und dessen Hundes in spe abbilden zu können und spätere Frustration zu vermeiden, weil der Hund die Wünsche nicht erfüllen kann. Umgekehrt kann und soll der Interessent den Züchter oder im Vorfeld auch den Zuchtwart alles fragen, was ihn zu dieser Rasse interessiert. Scheu ist da unnötig, aber Ehrlichkeit ist wichtig, was die Wünsche und Möglichkeiten mit Hund im Alltag und dessen jagdliche Ausbildung anbelangt. Keinem ist mit einem „schönen" Hund geholfen, der nicht in das eigene Leben passt und mit alternativen Taktiken ausgelastet werden muss, oder gar im Alltag lästig wird. Das gilt gleichermaßen auch für den Einsatzzweck: Eine Hunderasse für die Federwildjagd ereilt im waldreichen Mittelgebirge meist ein Arbeitslosendasein im Haushalt enttäuschter Führer. Hier sollte man sich auch nicht vom Werbeversprechen mancher Züchter blenden lassen, das sogenannte „Vollgebrauchshunde" bewirbt.

Der Besuch einer Hundeprüfung gibt interessante Einblicke. Unsere Hunde müssen nicht nur stöbern können!

EINDRÜCKE AUS PRAXIS UND ALLTAG

Neben theoretischen Infos zur Rasse aus erster Hand empfiehlt es sich, auch reale Eindrücke von der Arbeit dieser Jagdhunde zu sammeln und die Hunde im jagdlichen, aber auch im privaten Alltag zu erleben.

AUF PRÜFUNGEN SPICKEN

So können sich interessierte Zuschauer auf den Anlagen- und Gebrauchsprüfungen der Zuchtverbände ein Bild von den rassetypischen Fähigkeiten machen. Im Übrigen bereitet eine solche Hospitation ungemein auf das vor, was einen selbst mit jungem Hund in Zukunft erwarten wird. Ein vorbereitender Blick in die jeweilige Prüfungsordnung kann dabei nicht schaden.

Gerade die Anlagenprüfung, welche die Überprüfung der Zucht, also der tatsächlich vererbten jagdlichen Fähigkeiten und des Phänotyps eines Wurfes darstellt, ist eine sehr wichtige Veranstaltung, die jeder Hundebesitzer mit seinem Hund absolvieren sollte. Man trägt damit zu einem soliden künftigen Zuchtgeschehen und dem Fortbestand rassetypischer Hunde bei.

JAGDLICHE ARBEIT UND „UMGANGSFORMEN"

Des Weiteren lohnt auch im eigenen jagdlichen Alltag, beispielsweise auf Drückjagden, eine kritische Beobachtung der eingesetzten Hunde und ihrer Arbeit, um die Fähigkeiten besser einschätzen zu können.
Neben jagdlichen Praxiseindrücken ist auch ein Blick in die Führung der jeweiligen Rasse im privaten Umfeld sinnvoll. Schauen Sie sich die Hunde an den Prüfungen beim Umgang mit den Menschen, dem Verladen ins Auto, dem gemeinsamen Essen im Wirtshaus, dem Umgang mit fremden Personen und Kindern, dem Begegnen von Artgenossen usw. genau an. Auch hier werden schnell rassetypische Verhaltensweisen sichtbar, die Sie dann im Weiteren auch mit den Fachleuten ansprechen können.

Dieses Beobachten in der Praxis zeigen Ihnen, wie sich die erblichen Anlagen Finderwille, Spurtreue, Spur- oder Fährtenlaut und Wildschärfe sowie Raubwildschärfe bei dieser Rasse verhalten. Aber auch die Führigkeit, die Kooperationsbereitschaft mit der Führerin/dem Führer sowie die Resilienz gegenüber Stressfaktoren wie Lärm oder Hektik, also die sogenannte Wesensstärke, zeigen sich dann in einem realistischeren Bild.

DIE ELTERNTIERE

Hat man sich grundsätzlich für eine Rasse entschieden, so ist der nächste Schritt eine passende Verpaarung bzw. einen passenden Züchter zu finden: Hier hilft gern der Zuchtwart, falls es sich um eine Zucht aus dem Zuchtverband handelt. Auch dabei gibt es innerhalb einer Rasse noch Unterschiede in der Ausprägung der jagdlichen Anlagen und Eigenschaften, aber auch in der Größe und in Farbe/Haarkleid. Ist der Züchter dann ebenfalls gefunden, so kann ein genauer Blick auf die Elterntiere ratsam sein. Im Optimalfall werden diese bereits so geführt, wie man selbst den Hund später einzusetzen beabsichtigt (z. B. als Standschnaller oder Durchgeher). Da meist nur die Hündin im Zwinger des Züchters lebt, werden Sie dort von ihm detailliertere Informationen erhalten, aber auch ein Kontakt zum Rüdenbesitzer ist bei weiterem Informationsbedarf im Normalfall schnell hergestellt.
Scheuen Sie sich also nicht davor, Erkundigungen über die Arbeit der Hündin oder des Rüden im Detail und über die Einarbeitung dieses Hundes, aber auch die Herausforderungen mit ihm einzuholen (es gibt keinen perfekten Hund!). Ebenso von Bedeutung ist hier natürlich auch die Alltagstauglichkeit der Elterntiere: Werden sie im Haus mit Familienanschluss gehalten, bleiben sie auch mal entspannt allein, fahren sie gut und gern Auto? Sind sie es gewohnt, mit ins Büro oder mal zum Einkaufen zu kommen? Auch all das lässt für Sie auf eine vergleichsweise problemfreie Ausbildung des Welpen schließen.

Keine Berührungsängste: Sammeln Sie Informationen über die Elterntiere eines Wurfs!

EXKURS EPIGENETIK

Warum genau vor allem die Führung der Mutterhündin so von Bedeutung ist, zeigt ein kleiner Abstecher in die sogenannte Epigenetik. Die Wissenschaft der Epigenetik besagt, dass vorhandene Erbinformationen (Gene) durch starke Umwelteinflüsse aus- oder angeschaltet werden können, d. h. sich ausprägen oder eben nicht. Dies wirft ein grundlegend neues Licht vor allem auf die Haltung und Führung von trächtigen Hündinnen und die Welpenaufzucht, denn in dieser Zeit spielt sich diese Epigenetik ab. Das Thema wird derzeit erforscht und ist natürlich auch im Kontext der Jagdhundezucht und Ausbildung sehr bedeutsam.

PRÄGENDE ERLEBNISSE SCHON IM MUTTERLEIB

Erbanlagen sind kein starres Konstrukt, das automatisch immer zu den gleichen Ergebnissen führt. Die Umwelt und die Erlebnisse, die Embryonen noch im Mutterleib und Welpen in den ersten Wochen machen (s. Infobox 40), führen dazu, dass bestimmte Erbanlagen aktiviert oder deaktiviert werden und sich manchmal auch anders als erwartet entwickeln.
So kann beispielsweise eine ruhige und gelassene Mutterhündin gepaart mit einem ruhigen und gelassenen Rüden unter Umständen trotzdem ängstliche, unsichere und aggressive Welpen zur Welt bringen, wenn sie in der Trächtigkeit übermäßigem Stress ausgesetzt wird. Kurzum, die Trächtigkeit und Welpenaufzucht erfordert größte Sorgsamkeit, worauf wir in den Kapiteln „Weichenstellung beim Züchter", S. 64 und „Der Welpe im neuen Heim", S. 69) noch weiter eingehen werden.
Es gibt heute eine Vielzahl erfahrener Züchter, die einen reduzierten und möglichst gefahrfreien jagdlichen Einsatz der Hündin im Anfangsstadium der Trächtigkeit als sehr wichtig für die jagdliche Entwicklung der späteren Welpen betrachten. Hier ist die Vermutung, dass positive Gefühle der Hündin, z. B. bei einer erfolgreichen Totsuche auf ein Reh, positive Auswirkungen auf genetische Eigenschaften, wie z. B. Selbstsicherheit und Motivation der Nachkommen, haben. Natürlich hat beispielsweise auch die Gelassenheit einer erfahrenen Mutterhündin mit instinktsicherem Brutpflegeverhalten eine epigenetisch positive Auswirkung auf die Welpen und legt den Grundstein für einen belastbaren, neugierigen und aufgeschlossenen Hund.

WICHTIGE ZUCHTPARAMETER

Mit den Erbfaktoren werden natürlich nicht nur positive Eigenschaften an die Nachkommen weitergegeben, auch ernsthafte Defekte wie Erbkrankheiten manifestieren sich in den Genen. Zuchtverantwortliche legen hier in der Regel größtes Augenmerk darauf, genetische Prädispositionen für erblich bedingte Krankheiten, wie beispielsweise Hüftgelenks- oder Ellenbogengelenksdysplasie, Primäre Linsenluxation oder die Muskelkrankheit Myopathie, nicht aufkommen zu lassen.
Ein hoher Grad an genetischer Durchmischung und wenige Verwandtschaftsverhältnisse in den Vorfahren unserer Jagdhunde schützen vor der Erkrankung durch Vererbung oft rezessiver Defekte. Rezessive Erbanlagen setzen sich bei der Vererbung nur durch, wenn sie reinerbig vorliegen, also von beiden Elterntieren ausgeprägt mitgebracht und an die Nachkommen weitergegeben werden.
Ein paar Begriffe, die in der Hundezucht eine Rolle spielen, wollen wir nachfolgend näher betrachten.

Die Mutterhündin prägt die Welpen entscheidend – und das nicht erst nach dem Wölfen.

Inzuchtkoeffizient Der Inzuchtkoeffizient (IK) ermittelt anhand gemeinsamer Vorfahren der Elterntiere, ob die Mutterhündin und der Vaterrüde miteinander verwandt sind und wenn ja, wie eng. Der Inzuchtkoeffizient sollte auf mindestens fünf Generationen zurückgerechnet angegeben werden. Die Formel dazu entwickelte ein Genetiker namens Sewall Wright.

Der Inzuchtkoeffizient gibt über die verwandtschaftliche Nähe der Elterntiere Auskunft.

☞ VERWANDTSCHAFTSGRAD UND INZUCHTKOEFFIZIENT

ELTERNTIERE	IK
Nicht verwandt	0 %
Cousin + Cousine zweiten Grades	3,125 %
Cousin + Cousine	6,25 %
Halbbruder + Halbschwester	12,5 %
Bruder + Schwester	25 %

Je niedriger der Inzuchtkoeffizient, desto geringer ist das Risiko erblich bedingter Defekte.

Ahnenverlustkoeffizient Als weiterer Indikator wird häufig der Ahnenverlustkoeffizient (AVK) angegeben. Auch er sollte mindestens über fünf Generationen rückgerechnet werden. Blicken wir also fünf Generationen zurück, so hat ein Hund im Idealfall 62 verschiedene Vorfahren. Kommen die gleichen Vorfahren doppelt oder gar mehrfach vor, so werden sie nur einfach gezählt und durch die Anzahl der maximal möglichen Vorfahren geteilt. Ein Ahnenverlustkoeffizient von 85 % bedeutet, dass 85 % der Vorfahren verschieden sind. Ein AVK von 85 % wird in der Hundezucht als tolerabel angesehen.

RÜDE ODER HÜNDIN?

Die Frage, welches der beiden Geschlechter man wählen sollte, kann nicht pauschal beantwortet werden. Richtig ist, dass Hündinnen läufig werden und in diesen Zeiträumen (ca. zwei Mal im Jahr) nicht zur Stöberjagd eingesetzt werden können. Im Alltag ist die Läufigkeit dagegen harmloser als der triebhafte Rüde, in dessen Nachbarschaft läufige Hündinnen unterwegs sind.
Untersuchungen zum Jagdverhalten Rüde vs. Hündin haben ergeben, dass Hündinnen in ihrer physischen Leistung (Strecke, Geschwindigkeiten, Dauer der Suche) den Rüden um ca. zehn Prozent unterlegen sind. Die jagdliche Intelligenz, die Wildschärfe und der Erfolg des Einsatzes bleiben davon völlig unberührt.
Sollte es bereits weitere Hunde im Haushalt geben, so gibt es auch hier keine Konstellation, die grundsätzlich problemfrei oder problembehaftet ist. Allerdings kann eine läufige Hündin ohne räumliche Trennung nicht mit einem unkastrierten Rüden zusammengehalten werden.

RASSEWAHL UND -CHARAKTERISTIK

Eine Vielzahl an Jagdhunderassen ist genetisch mit den wertvollen Eigenschaften ausgestattet, die wir für die erfolgreiche Jagd mit stöbernden Hunden, wie im ersten Kapitel beschrieben, so dringend brauchen. Andere Hunderassen eignen sich hingegen weniger für diese Arbeit und wären für die gezielte Ausbildung zum Stöbern auf Schalenwild nicht die erste Wahl.
Wer bereits einen jungen Hund besitzt und darüber nachdenkt, ihn zum Stöbern auszubilden, wird nach den folgenden Seiten hoffentlich in der Lage sein herauszufinden, ob das realistisch möglich ist. Wer über die Anschaffung eines (weiteren) Stöberhundes nachdenkt, kann mithilfe der folgenden Kapitel eine fundiertere Auswahl treffen. „Der sieht so toll aus!" oder „Der ist universell einsetzbar!" sollte hierbei nicht das erste Kriterium zur Auswahl eines künftigen Stöberhundes sein, sondern gegenüber anderen Argumenten, wie den Anlagen zum Stöbern, dem Spur- und Fährtenlaut und der Alltagstauglichkeit in den Hintergrund treten.

SINKENDE JAGDHUND-ZAHLEN

Jäger führen im Vergleich zu Nichtjägern auch heute noch häufiger Hunde, dennoch sinkt seit Jahren die Anzahl an Jagdhunden je Jägerin oder Jäger: Mit dem Ende der 2010er-Jahre gab es erstmals seit langer Zeit wieder weniger Jagdhunde in Deutschland als Jagdscheininhaber. Der Trend von der „Lebensleidenschaft Jagd" hin zum „Lifestyle Jagd" ist Grund für die Übertragung jagdhandwerklicher Themen auf Profis, und dazu zählen auch die Jagdhundehaltung, -ausbildung und -führung.

URSACHEN

Die Gründe sind vielfältig, aber oft werden mangelnde Flexibilität im Alltag, die Betreuung eines Lebewesens rund um die Uhr

Retriever sind fantastische Apporteure, aber nun einmal wirklich nicht die erste Wahl für das Stöbern auf Schalenwild.

Ein Jagdhund nur zur Dekozwecken?

sowie der Stellenwert alternativer Beschäftigungen angeführt. Da ist es vielen eine Erleichterung, wenn der anerkannte Nachsuchenführer die Totsuche macht, man sich bei Drückjagdteilnahmen auch auf die Hunde „der anderen" verlassen kann oder wenn die geschossene Ente zur Not auch mal selbst – ausgezogen bis auf die Unterhose – aus dem Wasser gefischt wird. Bei der Jagd ohne Hund begibt man sich also schnell in Abhängigkeiten von anderen.

ZIERELEMENT JAGDHUND

Viele Jagdscheininhaber sehen den Jagdhund als öffentlichkeitswirksam, geradezu „Instagram-tauglich" an und führen deshalb eine Jagdhunderassen mehr oder weniger als Begleithund und „Fotomodell". Dass solch ein Jagdhund dann in seinen Anlagen weniger zum Einsatzbedürfnis, als vielmehr zum Auto oder einer Mode passt, wird akzeptiert, auch mangels Wissens über die Fähigkeiten dieser Hunde und Möglichkeiten der gemeinsamen jagdlichen Arbeit.

INFORMATION IST UNVERZICHTBAR

Außenstehenden oder noch Unerfahrenen fällt es natürlicherweise oft schwer zu verstehen, was ein Hund zu leisten vermag, warum er gewisses Verhalten zeigt und wie die Zusammenarbeit mit dem Führer funktioniert. Damit eine erfüllende, erfolgreiche und damit begeisternde Hundearbeit zustande kommen kann, sollte man sich gewissenhaft dem Thema persönliche Einsatzmöglichkeit (siehe Kapitel 2.1) sowie den rassespezifischen Arbeitsfeldern von Jagdhunden und deren Anlagen beschäftigen.

EINTEILUNG NACH HAUPTEINSATZGEBIET

In Deutschland werden Jagdhunde allgemein nach Einsatzzweck kategorisiert und in Gruppen unterteilt. Für die Stöberarbeit im Wald auf Schalenwild eignen sich aber nicht automatisch alle davon: Schweißhunde

TIPP

Zur Stöberarbeit auf Schalenwild sind besonders gut geeignet: kleine bis mittelgroße Hunde mit ausgeprägtem Fährtenlaut, Fährtenwillen und Fährtensicherheit sowie einer gewissen Wildschärfe.

und Apportierhunde sind Spezialisten, die in ihrem Bereich hochprofessionelle Leistung zeigen können, denen für die in diesem Buch thematisierte Stöberarbeit jedoch wichtigste Eigenschaften fehlen. Während Schweißhunde oft keinen Fährtenlaut zeigen, wurden sie jedoch über Jahrhunderte auf ruhiges, konzentriertes Verfolgen von Wundfährten selektiert. Apportierhunden wurde im Laufe ihrer Entwicklung beispielsweise die Wildschärfe weggezüchtet, dafür sind sie sehr bringtreu.
Mit der Jagd auf hochläufiges Wild sind aber Vertreter beider Kategorien im Grunde überfordert. Und so ist ein jagdpraktischer und tierschutzgerechter Einsatz nicht möglich. Wir beleuchten hier eine Auswahl der geeignetsten Rassen für die Stöberarbeit auf Schalenwild in den jeweiligen Rasse-Kategorien.

VORSTEHHUNDE

Die Kategorie Vorstehhunde steht für leistungsstarke, hochläufige Hunde im Feldeinsatz, die mit der hohen Nase nach Wild suchen, dieses anzeigen und gegebenenfalls kurz anjagen. Die Vorfahren der deutschen Vorstehhunde, wie wir sie kennen, hatten wiederum als Vorfahren Leit- und Schweißhunde und wahrscheinlich auch noch jagende Hunde. Alle rauen Vorstehhunde tragen auch noch die Gene von Hütehunden in sich. Ursprünglich waren es große, schwere und ruhige Hunde, die hin und wieder auch von Waldjägern als Verlorenbringer eingesetzt wurden und meist sogar fährtenlaut waren. Um das Jahr 1900 wurden ihnen dann englische Pointer eingekreuzt und es entwickelten sich Hunde mit schneller und weiter Suche im Feld, denen der Fährtenlaut weitgehend verloren ging. Der Stöbereinsatz von Vorstehhunden auf Schalenwild ist anlagenbedingt bis auf wenige Ausnahmen ungünstig. Die Arbeitsweisen stehen schlicht konträr zu dem, was wir von Stöberhunden im Wald sehen wollen. Vier deutsche Rassen können unter Umständen jedoch eingeschränkt einen Mehrwert in diesem Einsatzgebiet bieten.

DEUTSCH LANGHAAR UND GROSSER MÜNSTERLÄNDER

Der Große Münsterländer und der Deutsch Langhaar sind genetisch sehr eng miteinander verwandt und werden im Kontext dieses Buches zusammen betrachtet. Diese vielseitigen Hunde mit noch erkennbarem Brackenerbe arbeiten führerorientiert, konzentriert und bei entsprechendem Training ausdauernd am Wild. Sie zeichnet eine gute Wildschärfe aus und in vielen Fällen ist auch Fährtenlaut vorhanden. Die Hunde sind robust und unempfindlich und können auch in Dickungskomplexen agieren.

Einfarbig brauner Deutsch Langhaar

01

02

03

Werden die genannten Rassen konsequent, zielgerichtet und erfolgreich am Schwarzwild ausgebildet, können sie als kurz jagende Durchgehhunde eingesetzt werden. Die Hunde haben genug Kraft, auch stärkeres Wild zu binden und gegebenenfalls auch abzutun, entsprechende Einarbeitung und Wildschärfe vorausgesetzt.
Man sollte sich aber immer klar und ehrlich vor Augen halten: Deutsch Langhaar und Großer Münsterländer sind, erblich bedingt, oft nicht fährtenlaut – dann verbietet sich schon deshalb aus Tierschutzgründen jeglicher Stöbereinsatz. Dies muss bei der Rassewahl und dem Abgleich mit den eigenen Jagdmöglichkeiten berücksichtigt werden.

DEUTSCH DRAHTHAAR

Auch der Deutsch Drahthaar ist ein leistungsfähiger, robuster und hochläufiger Jagdhund. Er entstand als Gebrauchsmischung aus alten rauhaarigen Vorstehhunden. Beim Deutsch Drahthaar gibt es Zuchtlinien, bei denen Wert auf den Fährtenlaut gelegt wird. Trotz passender Verpaarungen in den Zuchtlinien ist der Fährtenlaut beim Nachwuchs jedoch nicht gesichert – die Nachkommen sind diesbezüglich eine „Wundertüte". Werden die Hunde unzureichend eingearbeitet oder gar falsch eingesetzt, kann es infolge ihrer Hochläufigkeit zu wiederkehrenden Hetzsituationen auf Stöberjagden kommen. Ein mit dem Führer und kurz arbeitender Hund kann dagegen mit dem in aller Regel festen Wesen und einer oftmals erkennbaren Unerschrockenheit durchaus respektable Leistungen am Schwarzwild zei-

01 Großer Münsterländer, lange Zeit eine Farbvariante des Deutsch Langhaar

02 Deutsch Drahthaar, einst aus einem Mix verschiedener Vorstehhunderassen entstanden

03 Kleiner Münsterländer Vorstehhund

04 Ein Wachtelhund-Braunschecke

04

gen. Mit seiner körperlichen Größe kann der Deutsch Drahthaar auch in schwierigem Bewuchs oder gar in Schilfbereichen am Wasser Druck auf Schwarzwild ausüben, das nicht rücken will.

KLEINER MÜNSTERLÄNDER

Der Kleine Münsterländer ist noch mehr als die vorigen genannten Vertreter ein Hund für die Offenlandschaft. Allerdings ist eine nicht zu unterschätzende Anzahl dieser Hunde fährtenlaut, wenngleich auch unter den Vertretern dieser Rasse viele Hunde ohne entsprechenden Laut existieren.
In Verbindung mit ihrer besonders breiten und sehr gründlichen Suche können Kleine Münsterländer als Durchgehhunde in Zusammenarbeit mit dem Führer Flächen systematisch absuchen. In dieser Arbeitsweise sind noch Züge ihrer Vorfahren, des Spaniels und des Wachtelhundes, erkennbar. Oftmals bringt der Kleine Münsterländer keine ausreichende Wildschärfe mit, weshalb sich sein Einsatz insbesondere auf wehrhaftes Wild als schwierig gestaltet.

STÖBERHUNDE

Unter den sogenannten Stöberhunden versteht man jagende Hunde, die ohne Einfluss des Führers nach Hoch- und Niederwild im unübersichtlichen Gelände suchen. Sobald Wild gefunden wird, verfolgt es der Stöberhund instinktiv laut. Alle Stöberhunderassen gehen im Ursprung auf die alten Spaniels zurück, die insbesondere auf Niederwild eingesetzt werden und dieses auch apportieren. Stöberhunde arbeiten im Wald, im Feld und am Wasser.

DEUTSCHER WACHTELHUND

Der Deutsche Wachtelhund ist aus den heutigen Stöberjagden auf Schalenwild nicht mehr wegzudenken. Sein Urtypus, ein sogenannter deutscher Hühnerhund, ist seit Jahrhunderten in Deutschland auch als Habichts- oder Vogelhund nachgewiesen. Erst um 1900 wurde aus verbliebenen Resten des Wachtels, wie er heute bekannt ist, in Reinzucht gezüchtet und weiter geformt. In seinen vielfältigen Einsatzmöglichkeiten stellt er das Bindeglied vom rein jagenden Hund im Wald zum vorstehenden Hund im Feld dar. Der Wachtelhund weist in seiner Arbeit Parallelen zum Deutsch Langhaar auf und ist eng mit allen Spaniels verwandt. Ein sehr guter Spurlaut bei einer akribischen Suche zeichnen ihn aus.

Wachtelhunde haben meist ein hohes Maß an Wildschärfe und Wesensfestigkeit. Sie entfalten ihr größtes Potenzial als Standschnaller, bei entsprechender Veranlagung und konsequenter Führung können sie aber auch zu Durchgehern ausgebildet werden. Insbesondere bei der Arbeit am Schwarzwild leisten sie wertvolle Arbeit. Ihr großer Fährtenwille bei ausgeprägter Fährtensicherheit lässt sie oft sehr lange, weit ausholend und hartnäckig am Wild jagen. Der mittelgroße Hund wird darüber hinaus auch zum Apport und zur Schweißarbeit eingesetzt und ist in seinen Arbeitsbereichen als echter Waldhund sehr vielseitig und leistungsstark. Wachtelhunde müssen jagdlich sowie körperlich ausgelastet werden und sind dann auch führerbezogene und freundliche Familienhunde.

Englischer Springer Spaniel

ENGLISCHE SPANIELS

Die verschiedenen Rassen der Englischen Spaniels sind meist sehr kurz auf Niederwild jagende Hunde aus England. Spaniels sind seit Jahrhunderten bekannt und seit jeher jagdlich geführte Hunde zum Buschieren zwischen Feld, Hecke und Wald, aber auch zum Stöbern. Alle Spanielrassen zeichnet eine Wesensfestigkeit und hoher Arbeitswille aus. Ein sicherer Fährtenlaut ist genetisch fixiert, was die Hunde bei allen Stöberarbeiten einsetzbar macht.

In Deutschland findet man jagdlich eingesetzte Spaniels recht selten, jedoch werden insbesondere Cocker Spaniels und Springer Spaniels auch bei der Stöberjagd am Schalenwild immer wieder als leistungsfähige Durchgeher eingesetzt. Von ihren Anlagen her arbeiten Spaniels gut mit einem Führer zusammen, lösen sich in jagdlichen Situationen jedoch auch über kurze Strecken.

Wegen der sehr kurzen Arbeitsweise können Spaniels gut in den Randbereichen der Treiben eingesetzt werden, wenn Reviergrenzen oder Straßen nahe sind. Werden die Hunde verantwortungsvoll am Schwarzwild eingearbeitet, können sie auch auf dieses Wild zum Einsatz kommen. Alle Spaniels lassen sich gut im Apport ausbilden. Erbkrankheiten spielen bei Spaniels allerdings eine nicht zu unterschätzende Rolle. Das sollte vor der Anschaffung und besonders bei der Zwingerauswahl beachtet werden.

ERDHUNDE

Die Erdhunde sind gegenüber allen anderen Jagdhunden in der Lage, auch unterirdisch zu arbeiten. Dank des vergleichsweise geringen Brustkorbumfangs und einer ausgeprägten Raubwildschärfe sind sie in den Röhren an Fuchs und Dachs einsetzbar. Erdhunde bringen neben Wild- und Raubwildschärfe ein hohes Reaktionsvermögen und eigenes „Denken" mit – Eigenschaften, deretwegen sie auch bei der Stöberjagd auf Schalenwild überaus erfolgreich eingesetzt werden können.

TERRIER

Die Terrier waren ursprünglich ausnahmslos Raubzeughunde aus England und sind eng verwandt mit den mitteleuropäischen Pinschern. Erst auf landwirtschaftlichen Höfen beheimatet, zeigte sich irgendwann aber auch ihre Leistung bei der Jagd auf Fuchs und Dachs. Terrier sind kleine bis mittelgroße Hunde mit Glatt- oder Rauhaar. Die jagdlichen Terrierrassen zeichnen sich durch ausgesprochenen Arbeitswillen, viel Wildschärfe und eine hohe Einsatzbereitschaft aus. Neben ihrem Einsatz unter der Erde zeigen sie auch respektable Leistungen im Apport, außerdem auf der Schweißfährte und insbesondere bei der Stöberarbeit im Wald sowie am Wasser und im Feld.

Die Wesensfestigkeit hat sich bei den Terriern im Laufe der letzten Jahrzehnte verbessert. Obwohl sie ein ausgesprochen unerschrockenes Wesen haben, zeigen sie häufig Nervosität in jagdlichen Situationen und im Alltag. Terrier sind harte, robuste und führige Hunde. Mit ihrer geringen Körpergröße sind sie auch im Alltag gut händelbar. An dieser Stelle werden nur die jagdlich erfolgreich einsetzbaren Terrierrassen beschrieben.

DEUTSCHER JAGDTERRIER

Wer mit einem Deutschen Jagdterrier jagt, führt in aller Regel einen sehr leistungsstarken Jagdkameraden. Diese jagdliche Leistung ist eine weitgehend sichere Bank, was auch aus dem Zuchtziel eines besonders robusten, gesunden, optimal leistungsstarken Jagdhund resultiert sowie auch aus der Tatsache, dass man die Terrier fast nie in nichtjagdlichen Händen findet. Seine Ursprünge liegen in den Foxterriern und anderen, weitgehend englischen Terrierstämmen. Jagdterrier sind fast ausnahmslos spurlaut und arbeiten schon aufgrund ihrer Anlagen meist unerschrocken am Schwarzwild. Durch die feine Nase und ihren Spurwillen sind sie in der Lage, Wild auch über längere Strecken hinweg zu verfolgen. Die hohe Wildschärfe des Deutschen Jagdterriers hilft beim Binden verletzten Wildes und, je nach Größe des Stücks, dessen Abtun. Die hohe Führerbindung der Hunde zeigt sich in echter Zusammenarbeit.

SCHLIEFEN BEI DER STÖBERJAGD

Eine Einarbeitung für die Baujagd in Verbindung mit einer entsprechenden Veranlagung, nicht zuletzt der Raubwildschärfe, kann dazu führen, dass Terrier immer wieder auch bei Stöberjagden einschliefen. Das ist bei der Ausbildung zu bedenken. Es ist mitunter anstrengend, nach Drückjagden immer wieder einmal den Hund zu vermissen und herauszufinden, wo er „unter Tage" gegangen ist.

Deutscher Jagdterrier

Glatthaariger Foxterrier

Westfalenterrier

Der Jagdterrier ist hinsichtlich des Wesens auch im Alltag heute viel besser als sein Ruf. Trotzdem sind es quirlige und oft ungeduldige, bis hin zu situationsbedingt aufgeregte Hunde, die einer konsequenten und fairen Führung bedürfen.

FOXTERRIER

Dem Jagdterrier sehr ähnlich ist der Foxterrier. Foxterrier gibt es wie auch Jagdterrier mit rauem und glattem Haar. Sehr gute jagdlich eingesetzte Vertreter finden sich immer wieder beim leider seltenen Rauhaartyp. Foxterrier zeichnen eine hohe Härte und ausgeprägter Arbeitswille aus.
Nicht immer bringen die Hunde jedoch einen sicheren Spurlaut mit, sondern häufiger „nur" den nicht ausreichenden Sichtlaut. Foxterrier wurden zu lange und zu häufig in reinen Showlinien gezüchtet und verloren so viele jagdliche Anlagen. Die jagdlichen Zuchtlinien arbeiten aber wieder erfolgreich auf jagdliche Leistungsmerkmale hin. Das überwiegend weiße Haar des Foxterriers bietet auf natürliche Art und Weise eine hohe Erkennbarkeit und Signalwirkung.

WESTFALENTERRIER

Da der Jagdterrier über Jahrzehnte als zu scharf und schwerführig galt, entstand aus dem Wunsch nach gleicher jagdlicher Leistungsfähigkeit bei milderem und leichterführigem Wesen der Westfalenterrier. Er findet immer weitere Verbreitung und zeigt wie Fox- und Jagdterrier ausgesprochen gute Leistungen bei der Stöberarbeit. Die Fellfarbe ist loh- bis saufarben. Die arbeitsfreudigen Westfalenterrier sind ausdauernd und weder scheu noch aggressiv und bringen fast immer einen Fährtenlaut mit.

PARSON RUSSELL TERRIER

Hinzu kommt als weitere jagdlich einsetzbare Terrierrasse der Parson Russell Terrier, der nah mit dem Foxterrier verwandt ist und aus weiteren, englischen Terrierrassen entstand. Auch er ist ein hochläufiger und aufgeweckter Terrier mit robustem, weitgehend weißem Haar.
Der Parson Russel Terrier wurde in England hauptsächlich zur Baujagd und im Wasser verwendet, in Deutschland auch zur Stöberarbeit. Häufig ist bei Letzterer aber ein zu

Parson Russell Terrier

Heideterrier

schwacher Fährtenlaut zu beobachten. Von den genannten Terrierrassen zeigt der Parson bei der Stöberarbeit die geringste Wildschärfe. Oft werden diese Hunde in Meuten eingesetzt, wo sie sich am Führer orientieren und lenken lassen. Exzellent eingearbeitete Parsons zeigen bei dieser Einsatzart oft eine gute Stöberleistung.

HEIDETERRIER

Im Zuge veränderter jagdlicher Bedingungen entstanden hin und wieder auch Gebrauchskreuzungen wie der Heideterrier. Der Heideterrier ist ein Mix aus Deutschem Jagdterrier, also einem reinen Jagdhund, und dem Airedale Terrier, also einem Schutz- und Begleithund mit Vorfahren unter den Hüte- und Vorstehhunden unter Einkreuzung von Bull Breeds, also Kampfhunden. Ziel der Heideterrierzucht war ein Hund, der größer als der Jagdterrier ist und eine ähnlich hohe jagdliche Leistungsfähigkeit an Schwarzwild und eine leichtere Führigkeit zeigt.

Die noch sehr junge Kreuzung findet aufgrund der Zuchtidee viele Liebhaber, zeigt in der Praxis aber noch keine einheitlichen Leistungsmerkmale. Der notwendige Fährtenlaut ist beim Heideterrier noch nicht genetisch fixiert. In der Praxis ist bei entsprechender Einarbeitung gutes Jagdverhalten an Sauen und anderem Schalenwild zu beobachten, aber auch stummes Jagen.

Der Heideterrier ist ein Hund für die Arbeit an Schwarzwild und eignet sich insbesondere zum Sprengen von Rotten. Als Durchgeher zeigt er bessere Leistungen denn als Standschnaller. Züchterisch befindet sich diese Kreuzung noch in der Entwicklung zur Rasse. Für Interessenten eines Welpen ist wichtig zu wissen, dass Heideterrier nicht überall zu Brauchbarkeitsprüfungen und auch nicht zur Ausbildung im Schwarzwildgatter zugelassen werden.

TECKEL

Alle heute vorkommenden Teckel gehen auf Bracken zurück, deren Charakteristikum Niederläufigkeit infolge von Genmutationen und Zucht war. Für unsere Stöberarbeit findet nur der Normalschlag Verwendung, da Kaninchen- und Zwergteckel mit ihren

Glatt- oder Kurzhaarteckel

Saufarbener Rauhaarteckel

Langhaarteckel

körperlichen Proportionen, also insbesondere den kurzen Läufen, zu stark eingeschränkt sind.

Beim Normalschlag werden drei Haartypen unterschieden, die auch im Wesen und ihren Anlagen nicht einheitlich sind. Bei der Zucht von Teckeln wird hoher Wert auf den Spurlaut gelegt. Teckel sind leistungsfähige und zähe Hunde, die großartige Leistungen zeigen können, jedoch je nach Gelände mit ihren Körperproportionen auch Beschränkungen unterliegen. Bei der Wurfauswahl sollte man ein Augenmerk auf die körperlichen Merkmale der Elterntiere haben: Zu niederläufige Verpaarungen sollten vermieden werden. Gesunde Gelenk- und Beinstellungen sind wichtig.

Glatthaarteckel

Der Glatthaarteckel steht noch am nächsten bei den Bracken. Im Wesen ist er etwas feinfühliger als seine rauen Kollegen. Insbesondere auf der Schweißfährte leistet er gute Arbeit. Die feine Nase hilft ihm auch auf der Hasenspur, und damit hat er sowohl die Fährtensicherheit als auch den Fährtenwillen an Schalenwild.

Rauhaarteckel

Beim Rauhaarteckel wurden in das glatthaarige Brackenerbe noch rauhaarige Pinscher und Terrier eingekreuzt. Dieses Erbe zeigt sich in seiner Wildschärfe, Härte und seinem unbändigen Arbeitswillen. Rauhaarteckel sind körperlich und im Wesen robust, und gern gesehene Gäste auf jeder Stöberjagd. Sie sind die jagdlich meistverbreiteten Teckel in Deutschland. Beim Rauhaarteckel trifft der Spruch zu: Er ist zwar ein kleiner Hund, ist sich dessen jedoch nicht bewusst.

Langhaarteckel

Der kluge und gelehrige Langhaarteckel wird jagdlich selten geführt. Vermutet wird, dass er aus dem glatthaarigen Schlag hervorging und noch altes Blut von Wachteln, Spaniels oder gar langhaarigen Vorstehern in sich trägt. Von allen Teckeln zeigt er deshalb auch die größte Nähe zur Wasserarbeit. Der Langhaarteckel eignet sich durchaus als Stöberhund, allerdings sind seine Arbeitsradien meist recht begrenzt. In seinem langen Haar setzen sich Schnee, Eis und Erde vergleichsweise rasch fest, was ihn bei der Arbeit beeinträchtigen kann. Jagdliche Zwinger sind selten.

JAGENDE HUNDE

Unter „Jagende Hunde" versteht man in Deutschland und Österreich die Bracken, in Frankreich die Chien Courant, in England die Hounds, in den skandinavischen Ländern die Stövare, in Polen die Ogar, im Balkan die Gonič und in der Schweiz sind es die Laufhunde. Sie sind die vermutlich älteste Jagdhundegruppe überhaupt und damit die Vorfahren annähernd aller noch existierenden Jagdhunde mit Hängeohren.

BRACKENRASSEN IN GANZ EUROPA

Es gibt über 70 verschiedene europäische Brackenrassen vom östlichen Balkan bis ins westliche Spanien und vom nordischen Finnland bis ins südliche Italien. Einige Rassen weisen mitunter enge Verwandtschaften untereinander auf. Innerhalb der letzten 150 Jahre sind leider viele mitteleuropäische Brackenrassen ausgestorben. In Deutschland sind beispielsweise nur noch zwei dieser Rassen erhalten geblieben.
Die teils ausgeprägten verschiedenen Rassemerkmale in Wesen und Körper bedingen auch unterschiedliche Arbeitsweisen und Einsatzgebiete. Trotzdem eint alle Brackenrassen das ausdauernde und laute Jagen auf der Spur oder Fährte, verbunden mit einem ausgeprägten Fährtenwillen bei hoher Fährtensicherheit. Deshalb werden viele Bracken auch erfolgreich auf der Schweißfährte geführt. Bracken jagen bei abrufbarer Qualität also auf der kalten und der warmen Fährte.

SENSIBLE FÄHRTENJÄGER

Im Wesen sind die Bracken sensibel und feinfühlig, bei richtiger Führung jedoch selbstbewusst. Wer mit Bracken jagt, muss auf das individuelle Wesen seines Hundes eingehen und konsequent, freundschaftlich und fair mit dem Hund umgehen. Härte führt meist nicht zum Erfolg und beeinflusst die jagdliche Zusammenarbeit negativ. Obwohl es auch wasserliebende oder apportierende Individuen gibt, sind Bracken im Grunde doch Fährtenjäger und arbeiten mit tiefer Nase. Sie zeigen bei der Arbeit meist extreme Gründlichkeit, geraten dabei mitunter aber in eine Art „Tunnel". Dementsprechend kann es schwer sein, eine Bracke bei der lauten Jagd von ihrer Arbeit abzurufen.
Aufgrund des für alle Bracken typischen guten Orientierungssinns finden sie in aller Regel auch nach langer Jagd wieder zu ihrem Ausgangspunkt zurück. Im Alltag sind Bracken recht leichtführig, freundlich und genügsam, sofern sie jagdlich wirklich ausgelastet werden.

IDEALE STANDSCHNALLER

Das Suchen nach Fährten und deren langes

Verfolgen ist in den erblichen Anlagen der Bracken verankert. Diese Arbeitsweise entspricht dem natürlichen Stöberverhalten eines vom Stand geschnallten Solojägers. Bracken eignen sich daher sehr gut als Standschnaller, werden aber immer wieder auch als Durchgeher ausgebildet oder im Gruppenverband geführt, wo sie beispielsweise als Finder in einer Meute fungieren. Besonders Brackenrassen aus dem östlichen Ausland zeigen hier gute Anlagen.

SPÄTENTWICKLER

Bracken sind allesamt ausgesprochene Spätentwickler. In der Ausbildung benötigen sie mehr Zeit als andere Jagdhunderassen und zeigen erste gute Ergebnisse in der Praxis oft erst im dritten Jahr. Wer zu schnell zu hohe Erwartungen an seinen Hund hat, bekommt die Quittung unter Umständen in Form eines in Arbeit und Wesen nicht gefestigten Hundes. Solche Ausbildungsfehler zu beseitigen, bedarf dann wieder viel fachkundiger Arbeit.
Wegen ihres feinen Wesens müssen Bracken sehr behutsam und gründlich an Schwarzwild eingearbeitet werden, um später einen klug und zuverlässig an Sauen arbeitenden Hund zu haben. Brackenrüden zeigen allgemein ein robusteres Wesen als die meisten Hündinnen.

Deutsche Bracke, auch Sauerländer Bracke oder Olper Bracke genannt

HOCH- UND NIEDERLÄUFIGKEIT

Im Grunde eignen sich alle jagenden Hunde, also alle existierenden Brackenrassen, zur Stöberjagd auf Schalenwild. Der einzig wirkliche Unterschied besteht in der Lauflänge. Deshalb wird in hochläufige und niederläufige Bracken eingeteilt.
Niederläufige Bracken sind bei der Arbeit mit tiefer Nase nicht zwangsläufig langsamer als hochläufige Rassen, bei der Jagd auf Sicht aber doch. Niederläufige Rassen gehen normalerweise auch weniger weit als hochläufige, was sie für den Einsatz in kleinen Revieren prädestiniert. Nachfolgend werden die individuellen Merkmale der in Mitteleuropa wichtigsten Rassen hervorgehoben.

HOCHLÄUFIGE BRACKEN

DEUTSCHE BRACKE

Die mittelgroße Deutsche Bracke, auch Sauerländer Bracke oder Olper Bracke genannt, ist die einzige erhalten gebliebene hochläufige Bracke aus Deutschland. Sie besitzt ein hartes, rotes Fell mit dunklem Sattel und weißen Abzeichen. Die Deutsche Bracke ist ein ausgesprochener Weitjäger mit großem Spurwillen und Ausdauer und ein echter Waldhund für die Arbeit vor und nach dem Schuss. Sie gilt als freundlich, anhänglich und kinderlieb.

TIROLER BRACKE

Aus Österreich stammt die Tiroler Bracke. Auch sie ist ein mittelgroßer Jagdhund mit kräftigem Haupt und dichtem Stockhaar mit Unterwolle. Die Tiroler Bracke kommt in rotem oder schwarzem Schlag mit Brand vor.

Schwarz-rote Tiroler Bracke

Brandlbracke („Vieräugl")

Steirische Rauhaarbracke

Slovenský Kopov, auch Schwarzwildbracke

Sie gilt als sehr ruhig und sensibel und kann auch starke Leistung auf der Schweißfährte zeigen. Ihr Stöberverhalten ist gründlich und nicht zu weiträumig. Sie arbeitet zuverlässig an Hoch- und Niederwild und darüber hinaus auch sicher in steilem Gelände.

BRANDLBRACKE

Der Tiroler Bracke sehr ähnlich ist die ebenfalls aus Österreich stammende Brandlbracke, oft auch Vieräugl (s. Kasten S. 58) genannt. Sie ist etwas größer als die Tiroler Bracke. Mit ihrem athletischen Körper und einem großen Brustkorb bewegt sie sich auch in schwierigstem Gelände schnell und sicher. Sie besitzt eine hohe Sprungkraft. Die schwarze Brandlbracke mit rotem Brand ist ein sehr vielseitig einsetzbarer Begleiter im Wald und am Berg und ein energischer und fährtensicherer Stöberhund.

STEIRISCHE RAUHAARBRACKE

Mit ihrem rauen, rötlichen bis gelben Haar ist die Steirische Rauhaarbracke aus Österreich ein sehr robuster, wetterfester, ruhiger und genügsamer Hund der Berge. Sie arbeitet gründlich auf der warmen Fährte und besitzt einen guten Spurlaut. Die Steirische Rauhaarbracke ist ein Kreuzungsprodukt aus rauhaarigen Bracken des Balkans sowie Hannoverschem Schweißhund und bringt deshalb eine große Nähe zur Schweißarbeit mit. Diese Bracke gilt als wildscharf und besitzt einen besonders ausgeprägten Orientierungssinn.

SLOVENSKÝ KOPOV

Als Vertreter aus der Slowakei gewinnt der Slovenský Kopov, auch Schwarzwildbracke genannt, zunehmend an Bedeutung auch in Deutschland. Im Haar ähnelt er der Brandlbracke, der Körperbau wirkt jedoch länglich und hinten etwas überbaut. Dadurch ist der Kopov sehr wendig und schnell. Diese Eigenschaften wurden ihm in seiner slowakischen Heimat gezielt für die Saujagd angezüchtet.

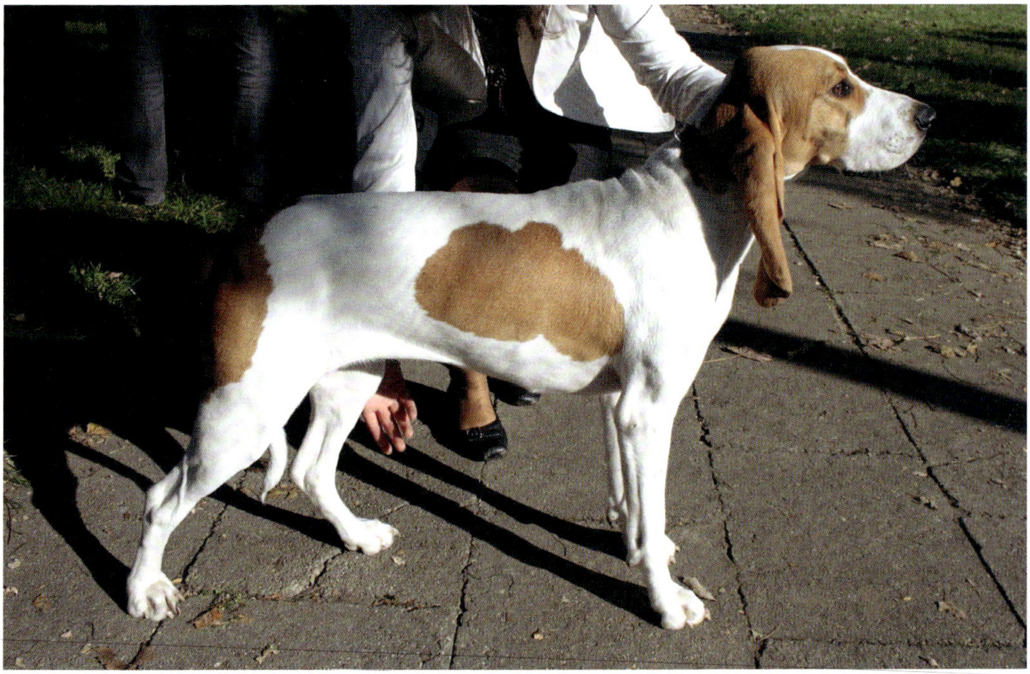

Es gibt vier Varianten des hochläufigen Schweizer Laufhundes - hier der Schwyzer Laufhund.

Bei entsprechender Einarbeitung an Schwarzwild hat man mit dem in aller Regel wildscharfen Kopov einen geeigneten Schwarzwildspezialisten, der aber auch auf anderes Schalenwild gut einsetzbar ist. Da die Rasse auch als Wach- und Hütehund Verwendung fand, wurde das züchterische Augenmerk nicht immer auf einen sicheren Spurlaut gelegt. Kopovs werden gern in Meuten oder als Solojäger-Durchgeher geführt, seltener als Standschnaller.

SCHWEIZER LAUFHUND

Aus der Schweiz kommen die Schweizer Laufhunde in vier Farbschlägen, sind jedoch in ihren Merkmalen eine einheitliche Rasse, über die es Nachweise bereits aus der Römerzeit gibt. Laufhunde sind große Hunde mit enormer Ausdauer, Fährtensicherheit und Spurwillen. Sie können Wild mitunter über Stunden hinweg mit ihrem eigentümlichen Laut verfolgen. Trotz ihrer Hochläufigkeit arbeiten sie verhältnismäßig langsam. Laufhunde sind keine ausgesprochenen Saujäger, können aber durchaus auch hier mit Praxis und Geduld Erfolge zeigen. Ihre Arbeitsweise des sehr langen Ausbuchstabierens einzelner Spuren sprengt räumlich und zeitlich bei Stöberjagden mitunter den Rahmen. Schweizer Laufhunde gelten als freundliche und kinderliebe Hunde.

NIEDERLÄUFIGE BRACKEN

WESTFÄLISCHE DACHSBRACKE

Die Westfälische Dachsbracke ist im Grunde genommen eine neuere, durch Mutation und Zuchtauslese verkleinerte Form der Deutschen Bracke, vermutlich unter Einfluss von kleineren Steinbracken (ausgestorbene Bracke von um die zehn Kilogramm Gewicht) und Dachshunden. Wegen ihrer Niederläufigkeit arbeitet sie aber in einem etwas kleineren Radius als ihre großen Verwandten und erreicht auch nicht deren Spit-

Westfälische Dachsbracke

Schweizerischer Niederlaufhund

zengeschwindigkeiten. Gerade deshalb gilt sie durchaus als sehr talentierter und hervorragend einsetzbarer Weitjäger und als einer der echten Leistungsträger bei der Stöberjagd auf alles Schalenwild.

SCHWEIZERISCHER NIEDERLAUFHUND

Ähnliches gilt für den Schweizer Niederlaufhund bezüglich seines großen Vetters. Auch diese Rasse ist weitgehend eine verkleinerte Form des Schweizer Laufhundes und zeigt die gleiche Arbeitsweise, wenn auch bei geringerer Reichweite. Die Zuchtbasis aller Schweizer Laufhunde ist relativ gering und deren Erhalt ist wünschenswert.

BEAGLE

Der englische Beagle wurde seit Jahrhunderten in seiner Heimat als Hasenhund in der Meute eingesetzt. Trotzdem beeindruckt er auch solo jagend am Schalenwild mit einer ausgesprochenen Fährtensicherheit und stets präsentem Laut auf der frischen Fährte.

Beagle haben ein absolut freundliches und aufgewecktes Wesen und eignen sich daher ideal auch als jagdlich geführter Familienhund. Jedoch fehlt oftmals auch die Wildschärfe am Wild, was zu jagdpraktischen Grenzsituationen führen kann. Beim Beagle muss die Ernährung besonders auf den Energiebedarf abgestimmt sein, um den Hund gesund und agil zu erhalten.

BESONDERE BRACKEN

ALPENLÄNDISCHE DACHSBRACKE

Die Alpenländische Dachsbracke ist die Übergangsform zwischen den heutigen Schweißhunden und den Bracken und damit eine Sonderform der Bracken. Der ebenfalls niederläufige Hund entstand durch Mutation und Selektion, nicht durch Einkreuzung kleiner Rassen.
Alpenländische Dachsbracken haben starke Knochen und einen muskulösen Körperbau bei sensiblem und mitunter eigenwilligem Wesen. Das Fell besteht aus einem robusten Stockhaar mit Unterwolle in dunklem Hirschrot oder in Schwarz mit rotem Brand (Vieräugl). Die Alpenländische Dachsbracke gilt als Schweißhund, ist aber immer spurlaut und wurde daher auch immer schon zur

Der Beagle

Hirschrote Alpenländische Dachsbracke

VIERÄUGL

Schwarze Hunde mit rotem Brand weisen typischerweise braune Überaugenflecke auf, die fast an ein zweites Augenpaar erinnern. Obwohl der Begriff „Vieräugl" vor allem auf die Brandlbracke angewendet wird, könnte man das im Grunde für alle so gefärbten Hunde tun. Sie gibt es bei einigen Rassen – genannt seien z. B. Deutscher Jagdterrier, Glatthaar- und Rauhaarteckel oder auch der Slovenský Kopov.

Jagd auf den Hasen und Fuchs eingesetzt. In der heutigen Zeit werden Dachsbracken in Italien und dem Balkan fast ausschließlich zur Jagd auf Schwarzwild verwendet, in Österreich als Schweißhund, in Deutschland und Skandinavien oft dual und auch auf Schalenwild, wobei sehr starke Leistungen auf der Schweißfährte in den meisten Fällen von Spezialisten gezeigt werden. Die Dachsbracke ist ein ruhiger und in der Familie freundlicher Hund mit teils erheblicher Wildschärfe. Gegenüber Fremden ist sie mitunter reserviert oder skeptisch. Entgegen den meisten anderen Brackenrassen sucht sie bei der Stöberarbeit von Beginn an mit tiefer Nase bei mittlerem Arbeitstempo. Sie eignet sich ausgesprochen gut als Solojäger vom Stand. Ihre Arbeitsradien sind geringer als die der Westfälischen Dachsbracke. Sie verlässt das Treiben selten und arbeitet akribisch um den Stand, wird mitunter aber auch als Durchgeher geführt.
Im Widerrist ist sie die höchste aller niederläufigen Bracken.

WÄLDERDACKEL

Mit dem Wälderdackel oder auch Schwarzwälder Bracke soll noch ein in seinen Wurzeln alter Lokalschlag aus dem Schwarzwald erwähnt werden. Die bäuerlichen Jäger des Schwarzwaldes jagten mit Hunden, die unseren heutigen Bracken, Teckeln und Pinschern ähnelten, auf das lokal vorkommende Schalenwild sowie Fuchs und Hase. Diese Hunde wurden über Generationen hinweg auf sicheren Spur- und Fährtenlaut gezüchtet.
Der Wälderdackel war immer ein sich weiterentwickelndes Produkt aus der Kreuzung regionaler und überregionaler Hunde sowie immer wieder auch der Einkreuzung anderer niederläufiger Bracken. Das Rassebild ist seit jeher uneinheitlich, entspricht aber trotzdem immer einem niederläufigen Hund, der äußerlich und in seiner Arbeitsweise den Teckeln und niederläufigen Bracken nahesteht. Der Wälderdackel wird

Wälderdackel oder Schwarzwälder Bracke

weniger auf ein einheitliches Erscheinungsbild, als vielmehr auf stabile jagdliche Eigenschaften und körperliche Gesundheit gezüchtet. Die Bewohner des Schwarzwaldes wussten um die Qualitäten dieser Jagd- und Hofhunde. Das hat diesen Lokalschlag bis heute glücklicherweise erhalten.

DIE VIELFALT MACHTS

Wenn sich viele Hundeführer mit verschiedenen Hunderassen am Sammelplatz einer Bewegungsjagd treffen, dann hat das einen guten Grund: Es gibt nicht *die* perfekte, allein selig machende Stöberhunderasse, es gibt nur geeignete Rassen mit individuellen Qualitäten und Anlagen, die im Gesamtkontext jagdpraktisch erfolgreich und tierschutzkonform eingesetzt werden können.

Und es bedeutet für jeden Hundeführer ein großes Glück, wenn er einen Hund seinen Anlagen entsprechend führt.
Einen Hund entgegen seiner Anlagen auszubilden und einzusetzen, kostet dagegen viel Kraft und birgt das Risiko wiederkehrender Enttäuschungen und ungewissen Erfolgs.
Die Entwicklung der Stöberjagd, wie wir sie heute kennen, baut nicht auf einer Hunderasse allein auf, sondern auf der durchdachten Zusammenführung von vielen individuellen Qualitäten.

☞ Standschnaller oder Durchgeher – Rassetendenzen

JAGT GERN FÜHRERBEZOGEN	JAGT GERN ALLEINE	KEINE BESTIMMTE TENDENZ
Vorstehhunde — Deutsch Langhaar — Großer Münsterländer — Deutsch Drahthaar — Kleiner Münsterländer **Stöberhunde** — Spaniels **Erdhunde** — Foxterrier — Westfalenterrier — Parson Russell Terrier — Heideterrier	**Stöberhunde** — Deutscher Wachtelhund — **Jagende Hunde** — Deutsche, Tiroler, Brandl- und Steirische Bracke — Westfälische und Alpenländische Dachsbracke — Schweizer Laufhund — Schweizer Niederlaufhund — Beagle	**Erdhunde** — Deutscher Jagdterrier — Teckel — **Jagende Hunde** — Kopov — Wälderdackel

ZUCHT UND ERBKRANKHEITEN

— *Ulrich Alber, Zuchtwart des Vereins Schwarzwälder Bracke*

„Noch vor der jagdlichen Leistung muss die Gesundheit des Hundes immer das oberste Ziel einer verantwortungsvollen Jagdhundezucht sein."

Über 800 erblich bedingte Erkrankungen sind bei Hunden bekannt, viele davon mit schlimmen gesundheitlichen Folgen. Nahezu jede Rasse hat ihre eigenen spezifischen Erbkrankheiten. Die meisten dieser Defekte werden rezessiv an die Nachkommen vererbt. Bei der Hundezucht muss deshalb – noch vor der jagdlichen Leistung – die Gesundheit der gezüchteten Tiere an erster Stelle stehen. Heute geht man davon aus, dass jeder Hund, und sei er phänotypisch noch so gesund und leistungsfähig, rezessiv gleich mehrere defekte Erbinformationen in sich trägt, diese Defekte bei seinem Einsatz in der Zucht also vererben kann.

Jedem sollte dazu klar sein: Je enger die Elterntiere miteinander verwandt sind, desto höher ist die Wahrscheinlichkeit, dass sie in ihrem Erbgut rezessiv die gleiche krank machende Erbinformation tragen. An einen Teil der Nachkommen wird diese Information doppelt rezessiv weitergegeben, das bedeutet: Die Erbkrankheit manifestiert sich. Vollständig ausschließen kann man Erbkrankheiten auch bei bester Zuchtpraxis nicht, das Risiko lässt sich jedoch absenken, indem man auf die Verpaarung eng verwandter Hunde verzichtet.

Noch bevor man sich die infrage kommenden Welpen ansieht, bittet man den Züchter deshalb um eine Mehrfertigung der Ahnentafeln beider Elterntiere und fragt ihn nach dem Inzuchtkoeffizienten (IK) und dem Ahnenverlustkoeffizienten (AVK) der Welpen. Verantwortungsbewusste Züchter verstehen dieses Anliegen, haben diese Informationen parat und geben sie ohne Zögern heraus.

03

01

03

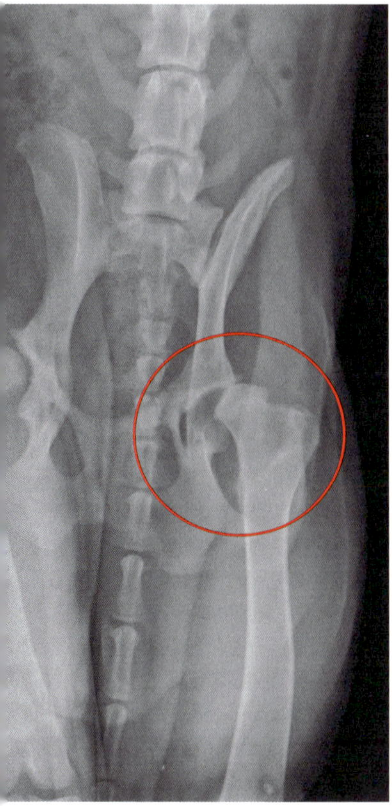

02

01 Schwere HD eines Jagdhundes aus Schwarzzucht. Verantwortungsvolle Rassezüchter senken dieses Risiko.

02 Bei der Hundezucht muss die Gesundheit der gezüchteten Vierbeiner an erster Stelle stehen.

03 Durchdachte Jagdhundezucht beginnt bei der Wahl der Elterntiere.

DIE ERSTEN LEBENSWOCHEN

WEICHENSTELLUNG BEIM ZÜCHTER

VORBEMERKUNGEN

In diesem Kapitel werden sowohl die wichtige Prägungsphase des Welpen – beginnend beim Züchter –, der Übergang ins neue Zuhause und die Heranführung an Schalenwild als auch der zielgerichtete Aufbau von Übungseinheiten für künftig zur Stöberarbeit eingesetzte Hunde beschrieben.
Dabei legen wir Wert darauf, auch in frühen Phasen bereits auf die grundlegende Unterscheidung von Durchgehhunden und Standschnallern zu achten.
Ist die Entscheidung für eine Rasse, einen Züchter, einen Wurf und einen Welpen gefallen, so dauert es nicht mehr lange und die praktische Ausbildung zum Stöberhund beginnt. Im Grunde muss diese bereits beim Züchter in den ersten Lebenswochen geschehen. Das kann vom späteren Hundebesitzer zwar kaum beeinflusst, gleichwohl aber erfragt werden und zur Züchterwahl beitragen.

VORBEREITUNG UND SELBSTORGANISATION RECHTZEITIG

Kommt der vierbeinige Jagdgefährte dann mit acht bis zehn Wochen ins neue Zuhause, so bleibt wenig Zeit, um sich vorzubereiten und eine Strategie für die Ausbildung zurechtzulegen. Daher beginnt man damit sinnvollerweise schon vorher, friert beispielsweise Utensilien wie Reh-, Rot- oder Gamswilddecken bzw. Wildschweinschwarten, Schalenwildläufe etc. ein, und organisiert den Alltag so – Arbeits- und Urlaubszeiten, Möglichkeit zum Homeoffice etc. –, dass genügend Zeit für die spätere Ausbildung des

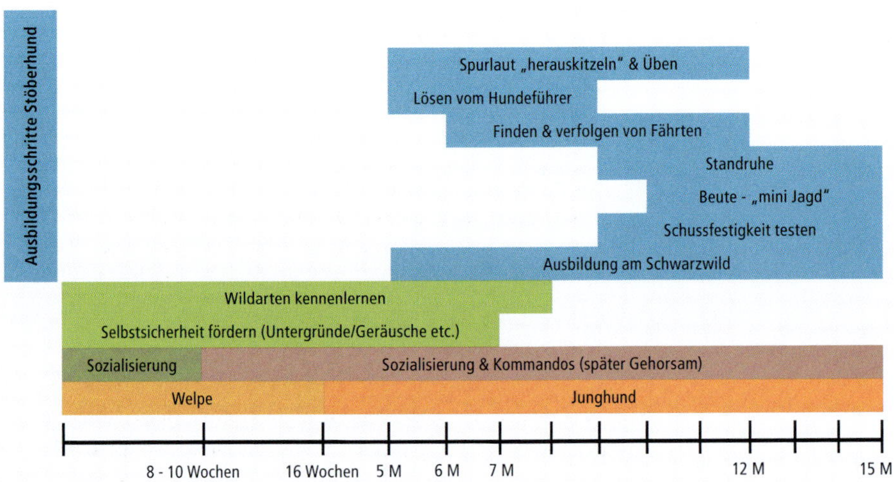

Ausbildungsabschnitte nach Altersphasen in Wochen und Monaten (M) des jungen Stöberhundes

vierbeinigen Neuankömmlings bleibt. Denn dann heißt es: mit dem Ziel „Einsatz auf großen Stöberjagden" vor Augen, strukturiert und klar vorzugehen und zur rechten Zeit die richtigen Ausbildungsschritte zu gehen.

DIE RICHTIGE AUSBILDUNGSDOSIERUNG

Eines gleich vorab: Wichtig ist immer, dass die Intensität der Ausbildung stimmt! Von einem überforderten Welpen oder Junghund hat man genau so wenig wie von einem unterforderten. Das richtige Maß muss mit Gefühl der Rasse und dem Charakter des individuellen Hundes angepasst werden. Mit etwas Vorbereitung und durchdachtem Übungsaufbau gelingt dies der Hundeführerin oder dem Hundeführer bestimmt gut.

Checkliste

UTENSILIEN FÜR DEN STÖBERHUNDEWELPEN

Arbeitsgeräte

- ☐ Decken oder Schwarten von den Schalenwildarten, die der Hund später bejagen soll
- ☐ Läufe dieser Schalenwildarten

„Welpenspielplatz" (Auswahl)

- ☐ Verschiedene Untergründe und Spielutensilien für Welpen (rascheln, scheppern, riechen)
- ☐ Luftballons
- ☐ Dosen (Achtung vor scharfen Kanten)
- ☐ Bälle
- ☐ Knisterpapier/Karton (unbehandelt)
- ☐ Hölzer zum Nagen (unbehandelt)
- ☐ Röhren/Tunnel, kleine Podeste, Sandflächen
- ☐ Taue zum Kauen, Zerren und Schütteln (Naturfasern, kein Plastik)

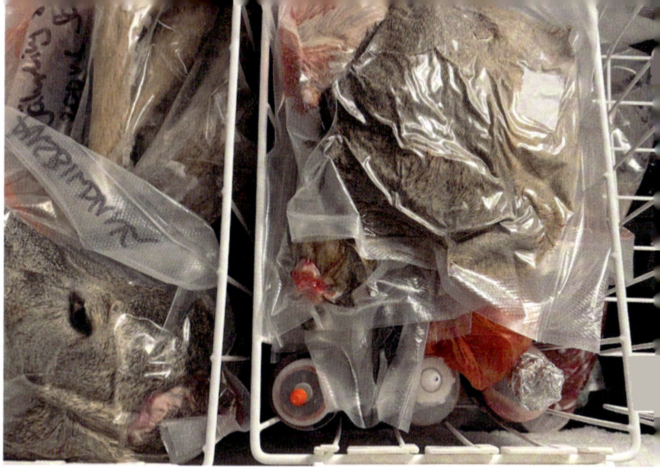

Der Stöberhundeführer in spe ist gut beraten, rechtzeitig verschiedener Wildarten einzufrieren.

ZUCHTPLANUNG UND ZÜCHTERAUFGABEN

Um gesunde Welpen mit passenden Anlagen und einer möglichst großen genetischen Vielfalt zu züchten, muss ein Züchter, und der Zuchtverband hinter ihm, viel beachten. Die Zuchtauswahl setzt tiefere Kenntnisse der Vererbungslehre voraus und einen Wurf zu planen, der individuelle Rassemerkmale erhält, ist daher eine sehr verantwortungsvolle Aufgabe. Aber auch nach der Verpaarung der Elterntiere kann der Züchter bei der Betreuung der Mutterhündin sowie in den ersten Wochen der Welpenaufzucht viele essenzielle Grundlagen für ein gesundes, selbstbewusstes und jagdlich erfolgreiches Hundeleben der Welpen legen.
Aspekte dieser Bemühungen sind auch wichtig für den künftigen Welpenerwerber, denn im Idealfall wendet er sich ja mit einem individuellen Bedürfnis und einer Erwartungshaltung an den Züchter. Züchterisch sind insbesondere die Mutterlinien von Interesse. Für einen Welpenerwerber ist also die Hündin interessanter als der Rüde, und sie ist bestenfalls schon vor der Trächtigkeit aus dem jagdlichen Einsatz und bezüglich sozialer Interaktion bekannt. Gern gesehen wird (s. auch S. 38), wenn der Welpenkäufer schon vorab Kontakt zum Zuchtverein und zum Züchter aufnimmt und sich informiert.

FRÜHJAHRSWÜRFEN GEHÖRT DER SOMMER

Meist kann ein Wurf zeitlich nicht geplant werden, da die Hündin die Zeit vorgibt. Trotzdem eignen sich Welpen aus Frühjahrswürfen bzw. Würfen in der ersten Jahreshälfte besser, da man mit ihnen bis zum Winter im Freien sein kann. Die Zeit der langen Tage bietet einfach mehr Sinnesreize als das Winterhalbjahr und mehr Gelegenheit für gemeinsame Zeit in Revier und Garten – Erkundungstouren, die für die Entwicklung und Prägung des Welpen unersetzlich sind.

TRÄCHTIGKEIT UND WÖLFEN

In den ersten vier Wochen ist äußerlich kaum erkennbar, dass die Hündin trächtig ist. Während sich die Föten im Mutterleib entwickeln, legt der Züchter großes Augenmerk auf eine ausgewogene Ernährung der Hündin: Über das gewohnte Futter hinaus nimmt die Hündin gern Mineralien, Spurenelemente und Vitamine, aber auch Fleisch, Haare, Innereien und Gemüse auf. Sie darf jetzt gern Reserven aufbauen und sollte keinesfalls zu mager sein. Da der Platz in Magen und Darm eingeschränkt ist, sollten täglich mehrere Futterrationen verabreicht werden.

Trotzdem wird die Hündin in der Zeit der Trächtigkeit nicht wie ein Pflegefall behandelt: Bewegung, dosierter jagdlicher Einsatz und die damit verbundenen Emotionen, Interaktionen mit Artgenossen und auch die Teilhabe am Familienalltag können sich

TIPP

Mit Welpen, die in der ersten Jahreshälfte gewölft wurden, fällt vieles leichter. So klappen z. B. auch die Anfänge der Stubenreinheit beim Züchter besser, wenn draußen kein Schnee liegt oder die Herbststürme fegen!

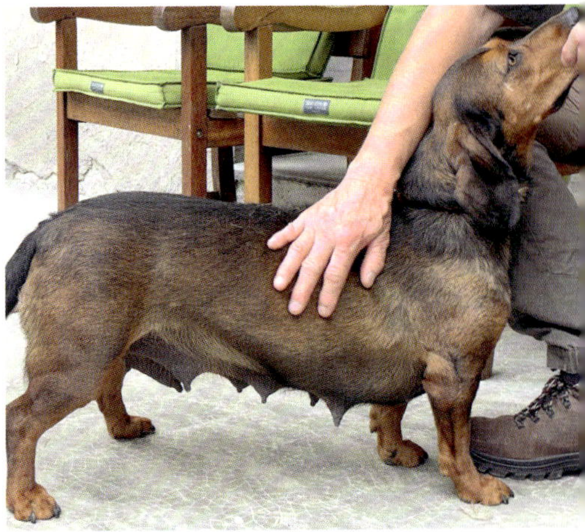

Die Hündin genießt Zuneigung und Beisein bei der Brutpflege – Zeichen der vertrauensvollen Mensch-Hund-Beziehung.

Eine instinktsichere Hündin weiß, wie sie ihren Nachwuchs großzieht. Eine gemütliche Wurfbox gibt zusätzliche Sicherheit.

durchaus positiv im Wesen der Welpen niederschlagen. (s. „Epigenetik“, S. ▪▪). Ein guter Züchter kennt seinen Hund und fördert ihn situationsgerecht.
Nun wird auch die Wurfkiste hergerichtet. Die Hündin soll also ihr Nest ausbauen und sich mit ihm vertraut machen können. Ob die Hündin im Wohnhaus oder draußen im Zuchtzwinger ihren Wurf zur Welt bringt, ist letztendlich Entscheidung der Züchterfamilie. In jedem Fall muss ein artgerechter Raum zur Verfügung gestellt werden, der frei von Zugluft und immer trocken ist. Keinesfalls sollten Rotlicht oder andere Wärmequellen verwendet werden, denn die Welpen benötigen diese nicht und leiden schlimmstenfalls unter der Hitze. Im Gegenteil, der noch blinde Welpe sollte die Mutter als Wärmequelle finden können – dies ist ein Indikator für einen gesunden Hund. Hündinnen, die in einer vertrauensvollen Bindung zum Führer stehen, haben es übrigens gern, wenn dieser bei der Geburt als „Bewacher“ anwesend ist. Diese vertrauensvolle Anwesenheit des Menschen überträgt sich damit ab Stunde null auf die Welpen.

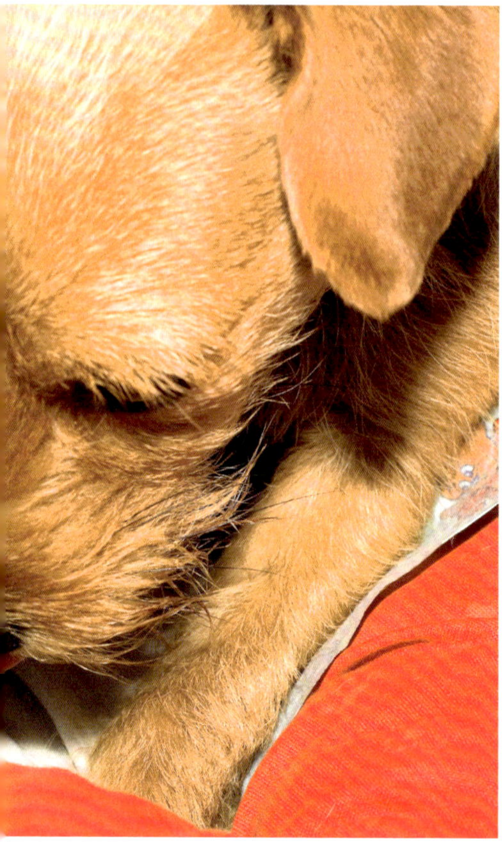

BRUTPFLEGE UND TIERARZTBESUCH

Hündinnen mit höheren Wurfzahlen sind meist körperlich vital und wenig von Inzuchtdepression betroffen.
Unmittelbar nach der Geburt kümmert sich die instinktsichere Hündin um jeden Welpen und beleckt ihn. Damit wird der Neugewölfte zur Atmung und Bewegung animiert und er beginnt mit der Suche nach den Zitzen. Bei einem gesunden Welpen gehen diese Reflexe ohne menschliches Zutun vonstatten – sie sind erste Zeichen für Lebenstüchtigkeit und Vitalität. Das instinktsichere Brutpflegeverhalten überträgt sich von der Hündin schon jetzt auf die Welpen.
Der Züchter veranlasst sowohl die Behandlung gegen Würmer als auch die ersten Impfungen, die Welpen werden also in jedem Fall vom Tierarzt untersucht.

DAS LERNEN BEGINNT!

Mit dem Verlassen der Wurfbox beginnen das Lernen des Welpen in und von seiner Umwelt und seine körperliche Entwicklung ebenso wie die seines Verhaltens – alle Sinneseindrücke werden verarbeitet und abgespeichert. Die Aufgabe der Züchterfamilie ist es nun, die Kleinen behutsam an ihr Leben als Jagdhund heranzuführen und die angewölften Anlagen zu fördern. In dieser frühen Welpenzeit sollten auch Kinder zum ersten Mal behutsam mit den Welpen zusammengeführt werden und auch der künftige Besitzer kommt jetzt erstmals zu der Rasselbande.

NICHT OHNE MEINE MUTTER

Wichtig ist, dass die Mutterhündin bei den Erforschungstouren anwesend ist. Dabei zeigt sich auch oft, wie die Welpen das Verhalten der Mutter übernehmen. Dieses sogenannte Tradieren bedeutet im Grunde nur, dass durch eine Vorbildfunktion, z. B. die der Mutterhündin, Eigenschaften weitergegeben werden. Ein Beispiel: Wenn die Mutter durch Pfützen läuft, tun das die Welpen eben einfach auch.

Früher Kontakt des künftigen Führers zu den Welpen ist für beide Seiten vorteilhaft.

Den Kleinen wird erlegtes Wild gezeigt, sie dürfen im Gras tollen, sich mit Hindernissen beschäftigen und neue Materialien und Oberflächen erkunden. Ein Besuch an einer Wasserquelle (Bach oder Teich), erste kurze Autofahrten und kleine Schleppen sollten zum Alltag in der Welpenzeit dazugehören. All diese Umweltreize dienen der Prägung und Sozialisierung, denn die kleinen Hunde sind in dieser Phase ausgesprochen aufnahmefähig. Umso wichtiger ist es, sie weder zu überfordern noch negative Erfahrungen zuzulassen, die später schwierig zu korrigieren sind.

WELPENAUSWAHL

Der Welpenerwerber sollte spätestens jetzt dem Züchter gegenüber klar formulieren, welche Anforderungen er an seinen Hund stellt, d. h., beispielsweise das künftiges jagdliche Einsatzgebiet umschreiben (s. auch S. 33 ff). Umgekehrt, und das ist mindestens so wichtig, sollte er sich dem Züchter als Person vorstellen und seinen privaten Alltag darstellen: die berufliche Situation, jagdliche Interessen und Intensität, Familienanbindung, körperliche Konstitution, soziales Umfeld, Wohnsituation oder evtl. weitere Hunde im Haushalt. Dieser Informationsfluss muss unbedingt offen und ehrlich ablaufen und für Hund, Erwerber und Züchter als Chance begriffen werden.

DER ZÜCHTER KENNT DIE WELPEN

Gute Züchter kennen ihre Welpen. Sie können bereits früh grobe Wesenszüge an den kleinen Hunden erkennen und so geeignete künftige Führer aus den Bewerbern aussuchen. Grundlegende Eigenschaften wie Quirligkeit, besonders dominantes Verhalten oder außergewöhnliche Konzentration und Neugier, erkennen gute Züchter bereits bei den Welpen und können diese dann einem Führer mit passendem Umfeld zuordnen. Dass der beim Erstkontakt eines Besuches zuerst anwatschelnde Welpe der richtige für den künftigen Führer ist, hält sich fest in den menschlichen Köpfen, ist aber sehr unwahrscheinlich.
Man sollte sich aber auch klarmachen, dass die genetischen Anlagen bei allen Hunden eines Wurfes gleich sind, und Hund und Führer im Laufe der Jahre zusammenwachsen.

DER WELPE IM NEUEN HEIM

ABGABE

Mit acht bis zehn Wochen ist es Zeit für die Welpen, ihre Mutter und den Züchter zu verlassen und in das neue Heim zu ziehen. Ob es mit acht Wochen wirklich schon so weit ist oder die Welpen vielleicht besser noch ein oder zwei Wochen länger bei der Mutter bleiben sollten, entscheiden erfahrene Züchter oft erst spontan und das ist gut so. Während manche Welpen schon mit acht Wochen innerlich und äußerlich bereit sind für das erste Abenteuer, brauchen unsichere Vierbeiner manchmal noch ein wenig länger, um innere Sicherheit und die nötige Reife für den Heimatwechsel zu erlangen. Das Warten zahlt sich aus, denn der Wechsel gestaltet sich dann reibungsloser und die Hunde wachsen besser zu gefestigten Charakteren heran. Oftmals zeigen Welpen, die zur rechten Zeit mit ihrer neuen Bezugsperson mitgehen, keinerlei Heimweh, sondern viel Anhänglichkeit und Neugierde.

AUFBAU DER FÜHRERBINDUNG

Jetzt kommt eine spannende und besonders wichtige Zeit auf den Hundeführer und den vierbeinigen Zögling zu. Der dritte bis fünfte Lebensmonat sind essenziell für den Aufbau einer soliden Führerbindung, die nachher im jagdlichen (und nichtjagdlichen) Alltag Halt und Zuverlässigkeit gibt. Wichtig ist diese Phase aber auch für das spielerische Kennenlernen der Wildarten, auf die später mit dem Hund gejagt werden soll, sowie für die ersten Erkundungstouren im Wald.

Die Autofahrt ins neue Heim. Da gehört der Welpe auf den Schoß der neuen Bezugsperson.

UMZUG DES WELPEN

Am Tag der Welpenabholung ist die künftige Bezugsperson nur für den Welpen da. Man kann eine Hundedecke mit dem Geruch von Mutter und Geschwistern aus der Wurfbox mitnehmen, oft erhält man noch etwas Welpenfutter für die erste Zeit und dann beginnt

Den Welpen in der ersten Nacht mit ins Bett zu nehmen, hat nichts mit „Verweichlichung" zu tun.

die Reise ins neue Zuhause. Der Welpe sitzt dabei auf dem Schoß oder im Fußraum des Autos, noch nicht in einer Box und auch nicht bei jemand anderem als dem künftigen Hundeführer. Die erste Nacht wird zusammen verbracht: Entweder schläft man beim Welpen oder andersherum. Viele versierte Hundeführer lassen den kleinen Wicht in den ersten Tagen noch im Bett schlafen und festigen durch das direkte Kontaktliegen die Anfangsbindung und Sicherheit.
Auch eine Schlafkiste neben dem Bett hilft hier sehr. Muss sich der Welpe lösen, ist man sofort zur Stelle und kann ihn schnell und unkompliziert nach draußen setzen.

„MEIN MENSCH IST FÜR MICH DA!"

Wichtig ist, dass der Hund immer das Gefühl hat, dass sein Führer da ist, wenn er ihn braucht, denn diese Gewissheit wird der Selbstsicherheit des Hundes in Zukunft zuträglich sein und ihn resistenter gegen Umwelteinflüsse machen.
Es bietet sich an, in den ersten gemeinsamen Wochen Urlaub zu nehmen und so mit dem Welpen den Tagesablauf zu teilen, ohne dabei großen zeitlichen Zwängen zu unterliegen. Der Neuankömmling findet so nicht nur in sein neues Zuhause, sondern auch in den für ihn neuen Rhythmus im neuen Umfeld. Das sind die allerersten Bausteine der Bindung zueinander und ohne Bindung ist keine Ausbildung möglich.

DIE ERSTEN WOCHEN SIND ENTSCHEIDEND

Der Stöberhundwelpe kam als Rudeltier auf die Welt und kennt bisher nur ein Leben im Rudel: Lässt man ihn jetzt gleich allein, ist dies nicht artgerecht und fördert Verlustängste. Es ist jetzt also noch wichtig, dass er sich der Anwesenheit und des starken Rückhalts durch den Führer sicher sein kann. Dieses Vertrauen aus den ersten Wochen verfestigt sich stetig und bleibt auch mit zunehmender Selbstständigkeit erhalten.
In der Anfangszeit gibt der Biorhythmus des Hundes die Aktivitäts- und Ruhephasen vor. Die Aktivitätsphasen werden für zielgerichtete Spielübungen genutzt, also dem Lernen an der Umwelt zur Verfestigung der Bindung zwischen Mensch und Hund. Das gegenseitige Verständnis füreinander wächst hierbei, und es fällt dem Führer leichter, das Verhalten des Hundekindes verstehen zu lernen.
In dieser Zeit wird wenig getadelt und keine Strenge angewandt. Man arbeitet nur mit positiver Verstärkung guter und erwünschter Verhaltensweisen, z. B. mit Lob, wenn

Wat mutt, dat mutt – aber von Anfang an möglichst draußen!

Die Umwelt wird einfach mal ins Maul genommen.

das Pipi in den Garten und nicht ins Wohnzimmer geht. Unsicheres Verhalten des Hundes wird am besten überspielt oder ignoriert, d. h., es wird nicht darauf eingegangen. Keinesfalls wird es bestraft! Werden hier Fehler gemacht, zeigen sich diese unter Umständen ein Leben lang. Überbehütung und falsche Fürsorge helfen dabei ebenfalls nicht, Ziel ist der Aufbau eines ernsthaften Vertrauensverhältnisses.

GEMEINSAMES ERKUNDEN

HEIM UND REVIER

Zusammen mit dem kleinen künftigen Stöberhund wird jetzt die Welt entdeckt, auch wenn diese noch recht überschaubar ist. Das heimische Umfeld und das Revier sind Spielplatz und Lernort, ein gesteckter Rahmen ist in den ersten Wochen mehr als ausreichend. Entdeckt wird immer zusammen – eine Tatsache, die viel Zeit und Einfühlungsvermögen erfordert, aber belohnt wird durch einen aufgeweckten und lernbegierigen kleinen Kerl, der für alles Neue dankbar ist.
Wasser als Element spielt jetzt eine Rolle, aber auch ungewohnte Untergründe, Gerüche und Geräusche. Man darf nicht verwundert sein, dass der kleine Wicht alles ins Maul nimmt, auch scheinbar Unwichtiges hingebungsvoll bewindet und viel Zeit für die Beobachtung von Kleinigkeiten benötigt. Sein Gehirn ist wie eine leere Bibliothek, die sich nun schnell zu füllen beginnt. Diese abgespeicherten Eindrücke und Wahrnehmungen sind zeitlebens abrufbar und wichtig für die Einschätzung und Bewertung von Situationen im Alltag und im jagdlichen Einsatz.

01

02

03

04

DIE WELT WIRD GRÖSSER

Die Zeit im Revier und um das Haus herum wird nach zwei bis drei Wochen im neuen Zuhause langsam ergänzt durch Ausflüge mit der Bahn, in die Stadt und zu Freunden. Wichtig dabei ist, den Biorhythmus des Welpen einzubeziehen. Keinesfalls darf er zu lange laufen. Obwohl Bewegung natürlich wichtig für die körperliche Entwicklung ist, darf er dennoch nicht überlastet werden. Der kleine Hund lernt bei diesen Erkundungsgängen auch seinen eigenen Körper besser kennen und Woche für Woche können die gemeinsamen Touren verlängert werden. So werden aus fünf bis zehn Minuten am Anfang bald 20 Minuten, und später, wenn der Hund etwa fünf Monate alt ist, auch eine halbe Stunde.

PAUSEN MÜSSEN SEIN!

Neben all der gemeinsamen Aktion sind gezielte Ruhepausen essenziell, denn für den jungen Hund sind wenige Minuten Ausflug mit neuen Sinneseindrücken anstrengend. Vor allem sehr aufgedrehte Hunderassen finden dann oft selbst kein Ende und benötigen einen Hundeführer, der ihnen nach Erkundungstouren oder kleinen Spieleinheiten eine Pause „verordnet". Hierbei kann eine Hundebox, die als sicherer Rückzugsort eingeführt und gefördert wird, wahre Wunder tun. Auf größeren Spaziergängen oder Ausflügen, auf die der Welpe mitmuss, sollte ein Rucksack dabei sein, in dem der Knirps nach angemessener Zeit getragen werden und ruhen kann.

01 *Alles, was da kreucht und fleucht, wird entdeckt und erforscht.*

02 *Dazu gehören auch Hühner …*

03 *Frühe Prägung auf besondere Umweltreize schafft Routine.*

04 *Die ersten Kontakte zwischen Kindern und Welpe sollten beaufsichtigt werden.*

Auf ausgedehnten Touren muss der Welpe dann und wann noch getragen werden.

KENNENLERNEN VON WILD

Schon beim Züchter ist es von elementarer Wichtigkeit, den Hund an erlegtes Wild oder Wildteile hereinzuführen. Wie weiter vorn erwähnt, sollten Sauschwarten, rohe Decken, Läufe und Lauscher, ein Hase, eine Ente oder auch Schweiß auch schon in der Gefriertruhe des neuen Heims liegen, bevor der Welpe einzieht.

Es ist spannend zu sehen, wie unterschiedlich die kleinen Hunde bereits in den ersten Lebenswochen auf verschiedene Wildarten reagieren. Von ängstlicher Neugierde, noch vorsichtigem Bewinden, über zaghaftes Belecken, erstes Rupfen oder sogar schon einer Inbesitznahme zeigen sie ein beeindruckendes Verhalten. Auch hier gilt, dass der Hund

Auch beim mutmaßlich „faulen" Herumkauen an einer Abwurfstange speichert der Welpe zahlreiche Informationen ab.

Anfängliche Scheu lässt sich am besten im Team überwinden.

nicht nur spielerisch agiert, sondern Gerüche und Geschmack aufnimmt und abspeichert und damit stetig einen enormen Wissensschatz aufbaut.

PERMANENTE INFORMATIONS-SPEICHERUNG

Von außen betrachtet mag der Winzling faul in der Sonne liegen und an einem Rehlauf oder etwas anderem nagen. Tatsächlich werden aber schon die Gerüche von Drüsen, Schalen, Decke, Schweiß, Knochen, Knochenmark und Wildbret differenziert in dem kleinen Kopf abgespeichert. Arbeitet ein Hund später auf der Gesund- oder Wundfährte, verfolgt er dabei vermutlich nicht nur den individuellen Geruch einer Wildart, sondern hat ein bestimmtes Bild über Wildart, Alter, Geschlecht, Gesundheitszustand und vieles mehr im Kopf. Deshalb ist es so wichtig, ihn Wild so detailliert wie möglich kennenlernen zu lassen.

DIE ERSTE ERLEGTE SAU

Anfangs ist es noch die frische Sauschwarte im Garten, aber schon bald darf der Hund an die erlegte Sau. So arbeitet sich der Zögling während der Ausbildung von gehörigem Respekt an der Schwarte bis hin zur Selbstsicherheit an der gestellten Sau. Dieser Weg kann lang und steinig sein, ist aber wichtig für einen zuverlässigen, späteren Jagdeinsatz. In der Verantwortung der Hundeführerin oder des Hundeführers liegt es, die passenden Gelegenheiten zu schaffen und die nötige Geduld bei der Begleitung des jungen Vierbeiners aufzubringen.

Mit der Reizangel kann der Welpe früh mit Teilen vom Wild in Berührung gebracht werden.

LERNEN IM ALLTAG

In diesen ersten, etwa fünf Welpenmonaten, aber auch darüber hinaus lernt der Hund in den Wachphasen praktisch permanent und verarbeitet das Neue in den Ruhephasen. Deshalb ist diese Zeit nicht nur im Hinblick auf die künftige jagdliche Einsetzbarkeit, sondern auch auf die Sozialisierung und den Gehorsam prägend.

VERSTEHEN: BASIS DES GEHORSAMS

Erfolgreiche Interaktion mit dem eigenen Hund sind im Grunde das gegenseitige Verstehen und Verständnis zwischen Mensch und Hund, die aus der Führerbindung heraus in der gemeinsamen Zeit des Alltags gefestigt werden. Aus dem Verstehen des Hundes kann ein abrufbarer Gehorsam entwickelt werden. Das Verstehen ist also die Basis des Gehorsams, allerdings sind die Ausbildungswege sehr verschieden. Nicht nur die Rasse, sondern auch der individuelle Charakter sind ausschlaggebend für eine sinnvolle Ausbildung des Gehorsams.

Wichtig ist, dem Hund nicht zu viel abzuverlangen, jedoch auch zu begreifen, dass er als Junghund sehr aufnahmefähig ist und man dies nutzen muss. Vertieft betrachtet werden

Hier wurde eine Entenschwinge genutzt.

kann das Thema Gehorsam in Beispielen und Übungsaufbauten in entsprechender Literatur von verschiedensten Hundetrainern.

SOZIALISIERUNG

Über diese Führer-Hund-Beziehung hinaus ist die andere zu prägende Komponente des Alltags die Sozialisierung des Hundes mit anderen Menschen und Tieren in verschiedensten Situationen. Damit der eigene Jagdhund auch abseits seiner jagdlichen Berufung selbstsicher und verträglich in den Alltag integriert werden kann, muss er von klein auf in Situationen eingebunden werden, die sich außerhalb des normalen Alltags daheim abspielen, also nicht in seinem sicheren Umfeld. Restaurantbesuche, Familientreffen, Spaziergänge in der Stadt oder die Zusammenführung mit Fremden sollten von Beginn an selbstverständlich sein, aber kontrolliert ablaufen. Gerade sehr selbstbewusste oder sehr sensible Hunde benötigen hier einen Führer mit gutem Gespür für das richtige Maß.

Sozialisierung: Welpen lernen insbesondere auch im Spiel mit anderen Hunden.

Ungleiche Spielgefährten ... eine Überforderung des schwächeren droht.

WELPENKURSE

Für den gezielten Umgang mit Artgenossen wird gern ein Welpen- oder Junghundekurs besucht. Hier soll der Hund den Umgang mit Artgenossen und das konzentrierte Training unter Ablenkung erlernen. Diese Kurse sollten nicht als Auslastungsevents verstanden werden, in denen sich Hunde in sogenannten „Spielgruppen" selbst überlassen werden. Durch die verschiedene Physiognomie der Rassen und das Alter und Temperament der Hunde können schnell unkontrollierte, hierarchische Handlungen unter den Hunden entstehen, die Junghunde körperlich und mental überfordern. Schlimmstenfalls kann das bleibende Verhaltensdefizite und Wesensschäden verursachen. Hierzu nur zwei Beispiele:

- Eine sensible Bracke und ein unerschrockener Rottweiler im selben Alter sind physisch und wesenstechnisch auf unterschiedlichem Stand.
- Ein eigenständiger Terrier und ein gruppendynamischer Husky haben verschiedene Anlagen hinsichtlich des Verständnisses von Gruppenspielen.

Bei der Auswahl nach einem Welpen- oder Junghundekurs sollte man also zuvor Kontakt mit dem Übungsleiter aufnehmen und einige Punkte erfragen.

Hilfreich ist es, wenn im Kurs vor allem erste Gehorsams- und Alltagstauglichkeitsübungen an der Leine und im Einzelfreilauf gemacht werden. Spielerunden mit mehreren Hunden sollten unbedingt kontrolliert und zugeordnet ablaufen, beispielsweise immer wenige, bestenfalls nur zwei, ebenbürtige Welpen oder Junghunde zusammen.

SOZIALISIERUNGSPHASE – HERAUSFORDERNDE ZEIT

Die ersten Wochen nach der Welpenübernahme sind vor allem für Erstlingshundeführer anspruchsvoll, denn es ist nicht leicht, seinen jungen Hund richtig einzuschätzen und zu entscheiden, wann die passende Zeit gekommen ist, ihn mit bestimmten Reizen und Herausforderungen, wie sie beispielsweise mit einem Hundekurs verbunden sind, zu konfrontieren. Kommt der Welpe und Junghund gut durch die Sozialisierungsphase, hilft das nicht nur zeitlebens im Alltag, sondern auch im jagdlichen Einsatz im Umgang mit anderen Hunden und Menschen.

Entspanntes Abliegen, z. B. bei Besprechungen, ist eine Frage früher Übung und nicht des Alters.

SCHUSSFESTIGKEIT

Die Schussfestigkeit ist zwingend erforderlich für jeden Hund, der jagdlich eingesetzt werden soll, und sie ist im Wesentlichen eine Sache der Wesensfestigkeit. Die Herstellung der Wesensfestigkeit, also der Selbstsicherheit und des Selbstvertrauens des Hundes beginnt mit Tag 1. Im Grunde ist der Schuss nur eines von vielen lauten Geräuschen, die den Hund nicht belasten dürfen. Nur sehr selten ist eine Schussangst genetisch verankert. Eine Schussempfindlichkeit schleicht sich aber bei falscher Prägung des Hundes schnell ein und ist nur sehr langwierig wieder zu kurieren.

GERÄUSCHGEWÖHNUNG

Übliche Aufbauten sind hier solche, die den Welpen schon früh mit fremden Geräuschen konfrontieren. Hierbei sollte immer eine positive Reizlage mit einem ungewohntem Geräusch einhergehen. Beispiel: Ein Stück Rehwilddecke und einige alte Blechdosen werden an einer Schnur abgependelt. Möchte der Welpe mit der Decke raufen, entsteht dadurch lautes Gebimmel.
Beim Junghund kann ab ca. der 16. Lebenswoche der Geräuschimpuls erhöht werden. Beispiel: In einen Luftballon werden Leckerlis gestopft und der aufgeblasene Ballon dann dem Junghund vorgesetzt. Möchte er die Leckerlis, muss er den Ballon zerbeißen. Der Knall geht in der Lust auf den Happen unter.

SCHIESSEN

Je nach Veranlagung kann einige Monate, nachdem eine solche Grundlage geschaffen wurde, in weiter Entfernung zum Hund von einer anderen Person ein Schuss abgegeben werden, während der Hund beispielsweise mit der Reizangel bespielt wird. Man kann hier durchaus mit 6-mm-Platzpatronen anfangen und später zur Flinte übergehen. Wichtig ist, als Führer keinesfalls auf den Schuss zu reagieren, sondern gleichgültig zu bleiben und das Spiel ohne Unterbrechung fortzusetzen.

Vor Abgabe des ersten Schusses muss der Hund wesensfest auf laute Umweltreize reagieren.

Die Entfernungen können dann vermindert werden und schlussendlich sollte der Hund ohne weiteres einen Schrotschuss aus 20 Meter Entfernung als natürlichen Lärm empfinden, ohne sich der Situation entziehen zu wollen. Je nach Rasse gibt es auch Spätzünder, bei denen man keinesfalls zu viel und zu früh mit Schüssen arbeiten sollte.
Beispiel: Brackenhündinnen können durchaus erst mit 12 Monaten und mehr wirklich schussfest sein, während Wachtelrüden schon mit 6 Monaten gefestigt sind. „Less is more" sollte beim Üben der Schussfestigkeit die Devise sein und nie ungeduldig agiert werden.

SCHUSSHITZIGKEIT

Achtung: Erleben Hunde die Erlegung von Hoch- oder Niederwild unmittelbar mit, kann auch Schusshitzigkeit entstehen, also ein unerwünschtes Ausbrechen des Hundes aufgrund der positiven Erfahrung beim Schießen in Verbindung mit Beute. Schusshitzige Hunde können den Jagdablauf vor dem aktiven Stöbereinsatz stören. Auch hier sollte man dann mit entsprechendem Training entgegenwirken.

ERSTE ÜBUNGEN MIT DEM STÖBERHUND

Der junge Stöberhund ist nun fünf bis sechs Monate alt, also kein Welpe mehr, sondern ein Junghund, und er hat inzwischen einiges kennengelernt, was die Grundlagen für innere Sicherheit und selbstständiges Arbeiten gelegt hat. Jetzt kommt er in ein Alter, in dem er exploratives Verhalten zeigt – also eigenständig erkundet und nicht mehr einfach nur dem Hundeführer oder der Hundeführerin hinterherläuft – und damit geht es langsam auf die Pubertät zu. Er beginnt, eigene Interessen zu verfolgen und wird, wenn auch zögerlich, das ein oder andere Mal den Sichtkontakt zum Führer oder der Führerin aufgeben.
Das ist die Zeit, in der wir mit ersten ganz zwanglosen Explorationsübungen beginnen können, die später zu richtigen Stöberübungen werden. Hier heißt es, wie z. B. auch bei der Einarbeitung auf der Schweißfährte: den Übungsaufbau immer vom Leichten zum Schweren gestalten und nichts überstürzen.

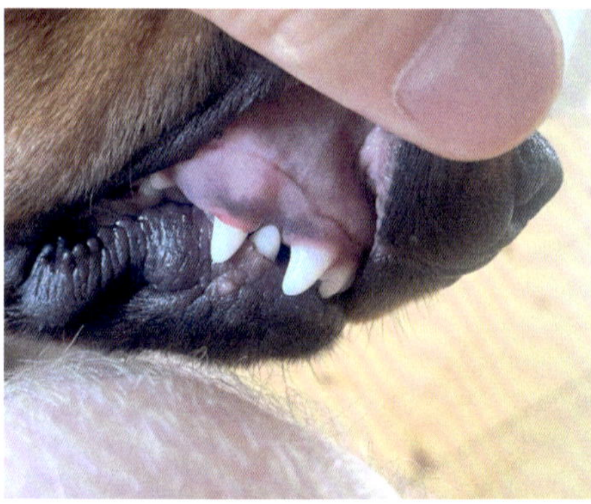

Sich am Fang manipulieren zu lassen, ist ein Zeichen großen Vertrauens in den Hundeführer.

PRAXISINFO SPUR- UND FÄHRTENLAUT

Der Spur- oder Fährtenlaut ist genetisch fixiert, also Teil der Erbanlagen. Wenn die Elterntiere und weitere vorherige Generationen dieses Merkmal aufweisen, sind die Chancen hoch, dass der Nachwuchs auch spur- und/oder fährtenlaut ist. Bei Rassen wie Bracken, Wachteln und einigen Terriern kommen praktisch keine stummen Hunde vor, während dies bei Rassen wie Vorstehern oder Gebrauchshundekreuzungen öfter der Fall, oder sogar die Regel ist.

Wann starten?

Beim jungen Hund kann der Laut systematisch gefördert, also über Situationen und Übungen „herausgekitzelt" werden. Damit begonnen wird ab dem fünften Monat, also der Zeit, in der viele Junghunde erstmals Anzeichen von Laut auf frischen Fährten zeigen und sehr aufnahmefähig sind. Auch hier gibt es natürlich Spätzünder, in der Regel ist aber bei Hunden, die im 15. Lebensmonat noch stumm auf einer warmen Fährte sind, nicht mehr damit zu rechnen, dass sie spur- oder fährtenlaut sind.

Spur oder Fährte?

Ein Stöberhund sollte in der Lage sein, auch auf schwierigem Untergrund wie Stein oder trockener Erde, Wild zu verfolgen. Je kleiner die Bodenverwundung durch Wild und die Eigenwitterung des Wildes ist, desto schwieriger ist es für den Hund, diese zu verfolgen. Deshalb arbeitet man den Junghund bevorzugt an den Spuren von Hase oder auch Fuchs ein. Der junge Hund benötigt von Anfang an viel Konzentration, um die Spur halten zu können und entwickelt so ein sauberes Suchverhalten. Hunde mit schwachem Laut oder weniger akribischem Suchstil können alternativ auch am Schalenwild angesetzt werden.

Im Alter zwischen sechs und zwölf Monaten wird die absolute, praktische Basis für den Stöberhund gelegt, die es nun mit Übungsaufbauten zu erweitern gilt.

ÜBUNGSAUFBAU HASENSPUR

DER PASSENDE ORT ZUR RECHTEN ZEIT

Ein erstes Herantasten sieht in der Praxis so aus, dass man vorzugsweise in den Morgen- oder Abendstunden in Wald oder Feld einen Hasen flüchten sieht. Wärmebildgeräte vereinfachen hier die Suche nach Hasen gewaltig und sparen viel Zeit. Möglich ist auch, mit einigen Personen auf einem hasenreichen Feld Streife zu laufen, bis ein Mümmelmann abgeht. Ist der Hase für den Hund außer Sichtweite, geht man zügig mit ihm an den Punkt, an dem das Langohr startete – das ist meist die Sasse.

KEIN SICHTKONTAKT ZUM WILD!

Egal ob der Hund seine Arbeit im Wald oder im Feld startet, ist es von größter Wichtigkeit, dass er das Wild vor Beginn nicht zu sehen bekommt. Insbesondere beim Streife-Laufen im Feld ist das wichtig und gar nicht so einfach umzusetzen. Würde der Hund sichtig den Hasen anjagen und infolge der läuferischen Überlegenheit des Wildes schnell abbrechen müssen, kann ein Spurlaut so weder gefördert noch zuverlässig nachgewiesen werden. Hier hilft es, dem Hund eine Jacke, eine kleine Decke oder einen Hut vor den Kopf bzw. die Augen zu halten oder kleinere Hunde wie Terrier und Teckel auch mit dem Kopf nach hinten unter den Arm zu nehmen.

SCHNELL SEIN LOHNT

Normalerweise verflüchtigt sich die Witterung von Hasen so schnell, dass manche Hunderassen am besten binnen weniger Sekunden nach der Flucht kurz hinter der Sasse angesetzt werden müssen. Trotz des Zeitdrucks sollte man versuchen, ohne Stress an die Sasse zu gelangen, da sich dieser auch auf den Hund überträgt, der dann vielleicht keine Spur aufnimmt.

> **TIPP**
> Der junge Hund wird immer am besten nicht exakt an der Sasse, sondern ein Stück weit dahinter auf der Fluchtspur des Hasen angesetzt. In der Sasse selbst ist die Wildwittrung so intensiv, dass der Junghund in seiner Aufregung oft recht lange dort verweilt und die Spur nicht findet bzw. annimmt.

HILFSMITTEL ABLAUFLEINE

Den Hund mit einer sogenannten Ablaufleine anzusetzen, hilft dabei, unkontrolliertes und wirres Suchen des Hundes hinter der Sasse zu verhindern und seinen Fokus auf die tatsächliche Spur zu fördern. Die Ablaufleine ist letztendlich ein dünnes Seil, das locker durch die Halsung gefädelt wird. Beide Seilenden sind in den Händen des Führers. Soll der Hund geschnallt werden, so muss nur ein Ende der Ablaufleine losgelassen werden und der Hund wird flüssig gelöst, ohne einen Ruck zu spüren.
Der Übungsaufbau mit Ablaufleine sieht dann aus wie folgt:

1. Der Hund wird kurz hinter der Sasse, also in Fluchtrichtung des Hasen, mit einem Kommando und einer tiefen richtungsweisenden Handbewegung angesetzt.
2. Man geleitet den Hund noch 20 bis 50 Meter „in die Spur“ und stellt so sicher, dass er von Beginn an konzentriert auf der Hasenspur bleibt.
3. Hat sich der Hund an der warmen Spur mit der Nase „festsaugt“ und ist er ihr einige Meter gefolgt, wird die Ablaufleine gelöst.

01

02

03

04

01 *Die sogenannte Ablaufleine ist denkbar einfach und erleichtert das Ansetzen des Hundes auf der Hasenspur.*

02 *Ist der Hase außer Sicht, geht es zügig, aber nicht hektisch, zum Beginn der Spur und der Hund wird angesetzt.*

03 *Ein paar Meter wird der Hund noch begleitet, bis er sich auf Langohrs Spur „festgesaugt" hat.*

04 *Wird nun ein Ende der Ablaufleine freigeben, gleitet sie durch die Halsung, ohne dass der Hund abrupt gestoppt wird.*

Wenn aus dem kleinen Aspiranten dann nach einigen Metern erste helle Laute herausbrechen, ist das Anlass zur Freude, vor allem aber auch ein gutes Zeichen für eine Karriere als Stöberhund.

SONDERFALL BRACKEN

Insbesondere bei den Bracken werden das Suchen und Annehmen der Hasenspur gern auch frei und ohne Leine geübt und praktiziert. Bei diesen Rassen wird der junge Hund ohne jegliche Aufregung in die Nähe der Sasse gebracht und darf sich dann mit einem Such-Kommando frei bewegen. Normalerweise finden diese Hunde von selbst die Sasse und den Abgang des Hasen und folgen – bei richtiger Prägung – mit großem Interesse der frischen Spur.
Dieses Vorgehen ist allerdings nur bei vergleichsweise ruhigen und konzentriert mit der Nase arbeitenden Rassen anzuraten. Alle anderen werden mit dem Übungsaufbau mithilfe einer Ablaufleine schneller zum Erfolg kommen.

KOMMANDO „SUCH" ETABLIEREN

Bei beiden Herangehensweisen hilft es, wenn man dem Hund vorher in kleinen Übungen, z. B. mit Futter- oder Wildschleppen, bereits das Kommando „Such", gepaart mit einer tiefen Handbewegung, beigebracht hat. Dann wendet der junge Hund dies meist auch beim Suchen der Hasenspur an und nimmt die Nase automatisch tief, anstatt mit den Augen über das offene Feld zu schauen.

TIPP

Ein Hund, der früh lernt, schwierige Spuren anhaltend zu arbeiten, lernt unter anderem auch, verletztes Wild ausdauernd zu hetzen. Damit ist die Einarbeitung am Hasen auch für junge Schweißhunde sehr wertvoll.

WARUM ÜBEN?

Vor allem das Handling mit der Ablaufleine und das richtige Ansetzen des Hundes ohne Sichtkontakt zum Wild ist nicht ganz trivial und sollte einige Male geübt werden. Wenn ein Spur- oder Fährtenlaut sicher gezeigt wird, bewirken weitere Übungen, dass der Hund länger und sicherer am Wild arbeitet, der Laut wird dagegen nicht mehr oder weniger werden. Wird dann mehrfach ein gesicherter – nicht sichtiger! – Laut vernommen, kann der Hund seinen Spur-/Fährtenlautnachweis antreten.

WAIDLAUTFÖRDERND? NEIN!

Die Annahme, dass ein sicherer Laut auf schwachen Hasen- und Fuchsspuren waidlautes Jagen, also lautes Jagen ohne frische Spur, fördert, ist kynologischer Unsinn. Denn: Der Laut hängt immer und unmittelbar mit der Spur zusammen. Waidlautes Jagen deutet auf eine Wesensschwäche hin, also auf unerwünscht unkonzentriertes, triebiges Verhalten, das den Jagdablauf stört. Tendenzen dazu gibt es manchmal bei Rassen wie beispielsweise Terriern und Wachteln.
Waidlaute Hunde sind, wie auch stumme Hunde, für die Stöberarbeit ungeeignet.
Um schwierige Spuren lange halten zu können, benötigt der Hund ein konzentriertes und sensibleres Wesen, wie dies beispielsweise Schweißhunde und Bracken haben. Es ist keineswegs so, dass das züchterische Augenmerk auf guten Spurlaut, Spursicherheit und Spurtreue eine negative Veränderung in Richtung Waidlaut fördert, das Gegenteil ist der Fall. Trotzdem ist das Thema Waidlaut ein zuchtrelevantes Thema: Waidlaute Hunde sollten keinesfalls zur Zucht verwendet werden.

PARALLELES LERNEN

Ganz gleich, ob der Hund mit der Ablaufleine auf dem Feld oder frei im Wald an der Sasse angesetzt wird: Es ergeben sich immer Überschneidungen mit anderen Übungs-

Paralleles Lernen: Idealerweise leistet der Jungspund schon nach dem Arbeiten der Hasenspur das „Zurückkommen".

aufbauten der Stöberarbeit. Zu Beginn muss sich der Hund vom Führer lösen wollen, das sollte also schon vorab geübt worden sein. Eine andere Parallele besteht darin, wie man sich mit seinem Hund zum Wild bewegt: Sucht der Hund frei um den gehenden Führer, beinhaltet das Elemente des Durchgehers. Setzt man ihn am Heckenstreifen zur Hasensuche an und bleibt am Platz stehen, geht das bereits Richtung Standschnaller. Man kann dies durchaus schon nützlich in Übungsaufbauten für den Spurlaut einsetzen. Letztendlich muss der Hund nach dem Ablassen von der Spur wieder zum Führer finden. Hat der sich weiterbewegt oder steht er noch am Platz? Hier können Verhaltensmuster geprägt werden, bereits vor oder gleichzeitig zu den Übungsaufbauten zum Stöbern auf Schalenwild.

PRÜFUNG UND LAUTNACHWEIS

Für den Einsatz auf Stöberjagden ist der Fährtenlaut wichtig und muss deshalb in vielen Bundesländern auch verpflichtend nachgewiesen werden, beispielsweise ein Rahmen einer Stöberprüfung. Auch Jagdleitungen in Bundesländern ohne gesetzlich festgeschriebenen Lautnachweis (z. B. Baden-Württemberg) fordern immer häufiger den Nachweis bei Anmeldung der Gespanne ein. Die üblichen Wege an einen sogenannten Lautnachweis zu kommen, sind die Anlagenprüfungen der Zuchtvereine. Hier werden die jungen Hunde entsprechend geprüft und das Ergebnis urkundlich festgehalten. Ein anderer Weg um einen Lautnachweis bestätigt zu bekommen, ist über speziell ausgerichtete Prüfungen der Jagdverbände. Gerade für Hunde ohne Anschluss an Zuchtverbände kann dies eine Möglichkeit darstellen, letztendlich auf Stöberjagden eingesetzt werden zu können.

TIPP

Die Herausforderung für eine Hundeführerin bzw. einen Hundeführer besteht nicht darin, einen Hund einfach nur zum Jagen zu bringen. Gemeinsames und strukturiertes Jagen zu erlernen und zu etablieren – das ist das Ziel und damit die Herausforderung.

LERNVERHALTEN DES HUNDES

Im Lernverhalten von Hunden sind natürlich viele komplexe Vorgänge und artspezifische Verhaltensmuster zu berücksichtigen. Nicht umsonst füllen Hundetrainerinnen und -trainer mit ihren Methoden und Erkenntnissen ganze Bücher. Wir wollen die Lernbiologie an dieser Stelle aber auf die wichtigsten Bereiche herunterbrechen, welche im Nachgang auch für die Ausbildung zum stöbernden Jagdhund von Bedeutung sind. Daher haben wir einige besonders wichtige Aspekte hervorgehoben.

AUF A FOLGT B

Hunde sind Verknüpfungs-Lerner, das heißt sie verknüpfen einen Sachverhalt (Reiz) mit Ihrer Umgebung oder einem anderen Sachverhalt. Ganz stark vereinfacht bedeutet das im Denken des Hundes „Auf Aktion A folgt immer Ergebnis B". Dies machen wir uns sowohl im normalen Hundetraining für den Alltag, was hier nicht tiefergehend behandelt wird, als auch bei der jagdlichen Stöberausbildung zunutze.

Treten zwei Reize gleichzeitig auf, so suchen sich Hunde oft zunächst nur einen aus, auf den sie achten und den sie dann mit einem Ergebnis verknüpfen. Es kommt aber auch vor, dass sie gleich beide Reize in Kombination als Auslöser für ein bestimmtes Ergebnis abspeichern, z. B.: „Wenn Frauchen pfeift und gleichzeitig den Arm hebt, muss ich herkommen. Wenn Frauchen nur pfeift, mache ich nichts."

In seltenen Fällen genügt ein einmaliges Erlebnis von Reiz und Ergebnis, damit der Hund es wiederholsicher „verstanden" und abgespeichert hat. Darauf kommen wir später beim Beuteerlebnis zurück. In den meisten Fällen bedarf es allerdings einiger Wiederholungen, um das sichere Verständnis für einen Vorgang beim Hund zu festigen und in ihm zu verankern.

ERFOLG UND MISSERFOLG

Zweite Prämisse beim Lernen von Hunden ist, dass Erfolg ein Verhalten wahrscheinlicher und Misserfolg ein Verhalten unwahrscheinlicher macht.

Verstärkungen, wie Lob vom Hundeführer, Streicheleinheiten, Spielen, Futter oder Wildkontakt, helfen dabei, erwünschtes Verhalten zu festigen. Unerwünschtes Verhalten sollte nach Möglichkeit nicht zu einem Erfolgserlebnis des Hundes führen. Hier kann beispielsweise mit Aufmerksamkeitsentzug (Ignorieren) oder räumlicher Eingrenzung (Hund steht ständig vom Platz

Misserfolg ist ein Lernelement des Hundes: So ein Verhalten wird komplett ignoriert.

auf: Leine dran) gearbeitet werden. Oft kann ein unerwünschtes Verhalten durch gezieltes Agieren des Hundeführers auch in ein erwünschtes umgewandelt werden, das dann wieder belohnt wird und sich so festigt.

Beispiel Der Hund winselt neben dem Tisch und will Aufmerksamkeit oder Futter: Der Hundeführer ignoriert ihn. Der Hund resigniert nach einiger Zeit und legt sich in sein Körbchen im Flur: Der Hundeführer geht nach ein paar Minuten dort vorbei und lässt ein Leckerchen fallen, denn dass sich der Hund entspannt und zurückgezogen hat, stellt ein belohnenswertes Verhalten dar.

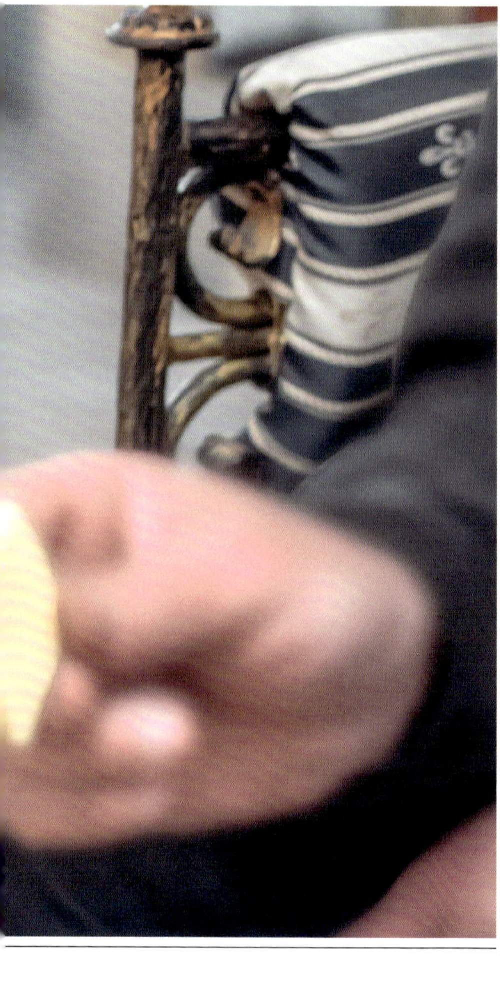

LERNVERHALTEN UND ÜBUNGSAUFBAU

Was bedeutet die vorstehend geschilderte Art des Lernen der Hunde für unsere Ausbildungsmethodik in der Stöberarbeit? Ein paar Grundsätze lassen sich aus dem Lernverhalten ableiten.

VOM EINFACHEN ZUM SCHWEREN

Es bedeutet, dass man zu Beginn möglichst einfach und mit einzelnen Reizen anfangen muss. Diese müssen konkrete und unmissverständliche Ergebnisse zur Folge haben, damit der Hund sie zuverlässig verknüpft. Erst wenn eine Übung gut funktioniert, man sich also sicher ist, dass der Hund Reiz A mit Ergebnis B verknüpft hat, nimmt man weitere Elemente hinzu.

ERFOLG ZÄHLT MEHR ALS ERFOLGLOSIGKEIT

In der Ausbildung von Stöberhunden arbeiten wir sehr stark mit Erfolgserlebnissen, also einer Verstärkung von positiven Verhaltensweisen. Das Suchen und Finden einer frischen Wildfährte, deren lautem Folgen, der Jagderfolg durch einen Schützen, das Zurückkehren zum Hundeführer, der sich riesig freut und eine Dose Nassfutter öffnet – all das sind positive Verstärkungen (Lob) des Hundeverhaltens.

Zeigt der Vierbeiner einmal ein unerwünschtes Verhalten, so tut der Hundeführer gut daran, nicht ausgiebig zu maßregeln, sondern mehr oder weniger mit Gleichgültigkeit die Übung zu beenden und die Reizlage damit zu unterbrechen. Denn Maßregelung muss in ihrer Wirkung ausreichend stark und vor allem zeitlich absolut passgenau erfolgen, um den gewünschten Effekt auf das Hundeverhalten zu haben. Hierzu ist man situationsbedingt bei der Stöberausbildung oft nicht in der Lage und erzielt so unter Umständen nur negative Effekte auf die jagdliche Arbeit.

Beispiel Hat sich der Hund beim Reviergang auf eigene Faust und unerlaubt zum Stöbern vom Führer verabschiedet und lässt er sich nicht unmittelbar zurückrufen, wird er nach seiner Rückkehr nicht streng getadelt, sondern wortlos angeleint. Würde man ihn jetzt bestrafen, würde er das nicht mit dem recht weit zurückliegenden unerlaubten Entfernen verknüpfen, sondern mit dem Zurückkommen. Und dies könnte ein Grund sein, weshalb der Hund im Stöbereinsatz die Rückkehr zum Stand verweigert.

KEIN ERFOLG BEI UNERWÜNSCHTEM TUN

Es bedeutet aber auch, dass unerwünschtes Verhalten nicht zum Erfolg für den Hund führen sollte. Ein Grundsatz, der beispielsweise beim Üben der Standruhe von Bedeutung ist. Hier darf ein winselnder, jaulender oder gar bellender Hund niemals vom Stand losgemacht und zum Stöbern geschickt werden. Stöbern ist sein Erfolgserlebnis, das er mit lautem und aufmüpfigem Verhalten einfordern will. Hier braucht der Hundeführer

Erst wenn der Hund Ruhe am Stand hält, darf er stöbern gehen.

Geduld und muss so lange abwarten, bis der Hund ruhig unter dem Stand sitzt, liegt oder steht. Und dafür wird dann der Vierbeiner mit der Aufforderung stöbern zu gehen, belohnt.

SIGNALE, SIGNALE UND NOCH MAL SIGNALE

Das Lernen über Verknüpfungen ermöglicht es uns auch, dem Hund wichtige Hinweise mitzugeben, die es ihm erleichtern, zwischen Alltag und jagdlicher Tätigkeit zu unterscheiden. Mit Signalen wie beispielsweise einer Hundeschutzweste, dem Anlegen des Ortungsgerätes oder der Sauenschutzhose der Hundeführerin/des Hundeführers legt man schon von Anfang an im Rahmen der Stöberübungen Ankerpunkte fest, an denen unsere Hunde später gleich erkennen, was von ihnen erwartet wird.

Wichtig ist dabei: Diese Signale sollten dann auch wirklich nur bei den Stöberübungen und später bei der Stöberarbeit eingesetzt werden: Die Signalhalsung oder das Ortungshalsband haben also beim normalen sonntäglichen Hundespaziergang nichts am Hund zu suchen.

Es ist überraschend, wie schnell und aufgeregt ein in Einarbeitung stehender Hund zum Auto und in den Wald will, wenn der Hundeführer nach wenigen Stöberübungen die Hundesignalweste aus dem Schrank holt oder die Hundeführerjacke anzieht. Auch hier machen wir uns das Verknüpfungslernen des Hundes zunutze: Auf A – wir sind im Wald und ich bekomme meine Weste angezogen – folgt B – ich darf Wild suchen gehen. Später wird man bei der fortgeschrittenen Einarbeitung und vor allem in der Praxis bemerken, dass dies auch umgekehrt funktionieren kann: Sobald die Weste wieder ausgezogen ist und man Richtung Auto zurückläuft, ist der „Stöbermodus“ ausgeschaltet und in den Hund kehrt wieder mehr Ruhe ein.

Weste, Warnkleidung und Ortungssystem sind Signale zur Stöberarbeit. Auch Frauchen signalisiert hier - gleich geht's stöbern!

Ohne jagdliche Signale wird nicht gestöbert, sondern entspannt spaziert.

TIPP

Signale erleichtern das Zusammenleben mit dem Stöberhund im Alltag. Sie sollten vor allem in den ersten drei bis vier Jahren konsequent genutzt werden. Dies erfordert Selbstdisziplin des Hundeführers, welche aber belohnt werden wird.

KÖRPERLICHE BELASTUNG DES STÖBERHUNDES

— Katharina Binder, Hundephysiotherapeutin und Hundetrainerin

„Starke körperliche Belastung des Hundes, wie z. B. der Einsatz auf Drückjagden, muss vor Abschluss seines ersten Lebensjahres vermieden werden."

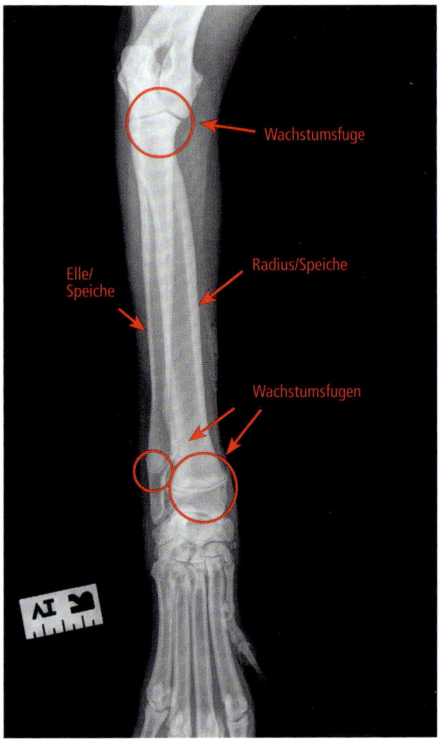

Hundeunterarm mit Lage der Wachstumsfugen, von v. nach h. (dorsokaudal) geröntgt.

Die körperliche Belastung von Stöberhundwelpen bis zur 16. Lebenswoche und Junghunden ab dem fünftem Monat ist ein wichtiges Thema, bei dessen Berücksichtigung viele Probleme, Tierarztbesuche und auch Kosten vermieden werden können.

KNOCHENWACHSTUM DER HUNDE

Die Röhrenknochen, wie z. B. Oberschenkel oder Unterarmknochen, wachsen beim Hund durchschnittlich zwölf Monate an den Wachstumsfugen, den sogenannten Epiphysen, in die Länge. Die Epiphysen sind sensible Zonen, an denen in der Wachstumsphase Knochenzellen produziert werden. Sie „schließen" sich zwischen dem 12. und 24. Lebensmonat eines Hundes, d. h. verknöchern ebenfalls. Bis dahin können stumpfe Überlastungen, wie hohe Sprünge oder starke Laufleistungen, den Wachstumsfugen schaden und Fehlbildungen oder fehlende Verknöcherungen zur Folge haben. Nicht selten müssen diese Mängel dann operativ korrigiert werden und beeinträchtigen den Hund häufig lebenslang.

BELASTUNG BEIM JUNGEN STÖBERHUND

Junge Stöberhunde in Ausbildung sollten daher, wie in diesem Buch dargestellt, gezielt an die körperliche Be-

Warmhalten vor und nach der Jagd trägt zur Gesunderhaltung des Hundes bei.

Nicht übertreiben! Überlastung kann im ersten Lebensjahr die Wachstumsfugen schädigen.

lastung herangeführt werden und mit hinsichtlich Zeit und Intensität(!) überschaubaren Stöberübungen eingearbeitet werden. Der Einsatz auf großen Drückjagden wartet sinnvollerweise bis zum 15. Lebensmonat, denn dann sind sowohl die verknöcherten Wachstumsfugen als auch die Bemuskelung in der Lage, den Belastungen ohne Langzeitschäden standzuhalten.

DER AUSGEWACHSENEN STÖBERHUND – KONDITION IST DIE HALBE MIETE

Ausgewachsene Stöberhunde können und sollen natürlich in den vollen Einsatz treten. Damit dies erfolgsversprechend und ohne überlastungsbedingte Ausfälle erfolgen kann, gilt es auch hier ein paar Punkte zu beachten:

1. Konditionsaufbau Joggen oder Radfahren mindestens drei Monate vor der Drückjagd-Saison beginnen und steigern bis der Hund zwei bis drei Mal pro Woche 30 bis 60 Minuten konditionell schafft. Beugt Muskelkater und muskulär bedingter Unterzuckerung vor.
2. Warm halten vor und nach körperlicher Belastung. Einfache Mäntel (meist aus Fleece) für Hunde erfüllen diesen Zweck vor und nach der Jagd und tragen zu besserer Muskelregeneration und Leistungsfähigkeit bei.
3. Pausenzeiten einbauen. Hunde, die in guter Kondition stehen, können auch zwei oder drei Drückjagdtage hintereinander verarbeiten. Spätestens dann sollten allerdings mindestens ein bis zwei Pausentage zur Regeneration eingelegt werden. Hunde mit schlechterer Kondition oder im ersten Drückjagd-Jahr, sollten nach jedem Einsatztag auch einen Pausentag haben. Pausentag heißt dabei aber nicht nur liegen. Normale Spaziergänge zur Durchbewegung können hilfreich sein.

Erste Anzeichen von Überlastung sind:

— starke körperliche Einschränkung auch am Folgetag (sichtbare Schmerzen beim Auftreten, Hinlegen, Aufstehen etc.)
— Durchfall, gegebenenfalls blutig
— „Rotznase“ oder starker Augenausfluss mit Entzündung

Körperliche Überlastung setzt zeitnah das Immunsystem des Hundes herab und Krankheitserreger haben leichtes Spiel. Dann heißt es Regeneration und je nach Heftigkeit auch ab zum Tierarzt.

DIE EINARBEITUNG INS STÖBERN

VORBEMERKUNGEN

Schnell ist die Zeit gekommen, den jungen Hund auf seine Hauptaufgabe vorzubereiten und in das Stöbern auf Schalenwild im Wald einzuarbeiten. Aus dem im vorangegangenen Kapitel beschriebene Lernverhalten von Hunden lassen sich auch hierfür konkrete Konsequenzen ableiten.

GRUNDSÄTZE

KEINE SPONTANEN STÖBERÜBUNGEN

Logische Konsequenz des Lernverhaltens und der großen Bedeutung von Signalen zur Verbesserung der Alltagstauglichkeit ist, ungeplante Situationen nie für Stöberübungen zu verwenden. Das bedeutet, dass unvorhergesehene Rehe, die beim Abendspaziergang im Revier über den Waldweg wechseln, nicht dazu genutzt werden sollten, den Hund „schnell mal anzusetzen" und Stöbern zu lassen. Denn in diesen Situationen sind weder Hundeführer noch Hund mit den passenden Signalen ausgestattet und vorbereitet. Einziges Ergebnis dieser Art von „spontanübungen" ist, dass ein entspanntes Spazierengehen im Wald in weite Ferne rückt und der leinenlose Spaziergang ohne unbeliebte und unter Umständen gefährliche (Straßen!) Jagdeskapaden nahezu unmöglich wird. Denn der Hund lernt: „Sobald wir in den Wald gehen, ist alles möglich und ich kann auch jagen gehen."

ZIELORIENTIERTES VORGEHEN

Spontanität, Unstetigkeit und kurzfristige Strategiewechsel sind Gift für das Lernverhalten unseres Stöberhundanwärters. Es ist also unbedingt notwendig, dass Hundeführerin oder Hundeführer ihrer Rolle als Anführer des kleinen Zweierteams gerecht werden und Zuverlässigkeit sowie Klarheit über das ausstrahlen, was sie von dem Hund möchten. Dazu benötigt es eines klaren Ziels vor Augen und eines strukturierten Übungsaufbaus.

Das definierte übergeordnete Ziel ist leicht zu fassen: Der Hund soll als Standschnaller oder Durchgeher eine entsprechende eigenständige Stöberleistung zeigen und zum Jagderfolg auf Schalenwild beitragen. Dies wird allerdings nicht von jetzt auf gleich in einem Schritt, sondern über einzelne Etappenziele erreicht, zu denen jeweilige Übungsaufbauten hinführen.

Fünf Etappenzielen beinhaltet die konkrete Stöberausbildung:

1. Der Hund soll sich lösen und die Distanz zu Dickungen überwinden, also auch den Sichtkontakt zum Hundeführer bewusst und länger aufgeben.
2. Der Hund soll gezielt frische Wildfährten suchen und finden und diese Fährtenlaut laut arbeiten.
3. Der Hund soll zum Hundeführer zurückkehren, also auf der eigenen Spur zurückfinden und gegebenenfalls den Führer auf dessen Spur finden.
4. Der Hund muss Standruhe halten, bevor es zum Stöbern geht.
5. Vor oder mit dem jagenden Hund soll es zum prägenden Erfolgserlebnis „Beute-Machen" kommen.

Hierbei erfordert zwar nicht jedes Etappenziel zwangsweise einen anderen Übungsaufbau, aber die Erfahrung lehrt, dass die Ele-

So verführerisch es sein mag – hier wird nicht „einfach mal so“ der Hund zum Stöbern geschickt.

Checkliste

DIE FÜNF ETAPPENZIELE DER EINARBEITUNG

- ☐ Sichtkontakt aufgeben
- ☐ Wild suchen, finden und verfolgen
- ☐ Zuverlässige Rückkehr
- ☐ Standruhe
- ☐ Beute-Machen

mente besser und oft nacheinander erlernt werden, nicht zeitgleich. Auch dies entspricht wieder der Theorie vom Lernverhalten unserer Vierbeiner. Man fügt je nach Übungsstand des Hundes neue Reize und neue Schlüsselerlebnisse dem Training hinzu und baut so das vollständige Bild des Stöberhundes.

Konkret am Ziel orientiert vorgehen heißt also, sich zum einen im Klaren zu sein, was das Ziel der jeweiligen Übungseinheit sein soll, und zum anderen, mit welchem Übungsaufbau man es angeht und was man dafür benötigt (Belohnung, Ausrüstung, passende Örtlichkeit im Revier usw.). Dazu gehört auch, sich genügend Zeit zu nehmen und keine Hektik oder Druck aufkommen zu lassen. Beides beeinflusst das Übungsergebnis oft negativ.

EINARBEITUNG – NUR EIN HUND

Auch wenn Welpen- und Junghundebesitzer oft anderes zu hören bekommen, sollte die Einarbeitung eines jungen Stöberhundes zunächst nur mit diesem einen Hund erfolgen. Unerfahrene Hunde mit anderen, vermeintlich erfahreneren zusammen auf Drückjagden einfach laufen zu lassen und das Ganze mit „das lernt der schon, der schaut sich das ab“ zu rechtfertigen, ist nicht zielführend.

Für die Solo-Einarbeitung im Rahmen gezielt geplanter und kleiner Stöberübungen spricht eine Vielzahl an Vorteilen.

KORRIGIERBARKEIT

Wenn nur der lernende Stöberhundanwärter läuft, können Erfolge und Misserfolge klar mit seinem Tun in Verbindung gebracht und Rückschlüsse auf seine Leistung sowie gegebenenfalls notwendige Korrekturmaßnahmen gezogen werden. Wenn z. B. die Sauen aus der Dickung durch hartnäckiges Verbellen gesprengt werden, ist das allein sein Mut, sein Können, sein Verdienst. Außerdem ist man in der Lage, die Übung jederzeit abzubrechen, und unterwirft sich somit keinen Zwängen. Winselt und jault der junge Hund vor dem Schnallen unter dem Sitz und will sich überhaupt nicht beruhigen, so findet an diesem Tag dann einfach keine Stöberübung statt und man geht wieder nach Hause. Genau: Der Hund hat keinen Erfolg mit seinem unerwünschtem Verhalten.

AUSKLAMMERN VON STÖRFAKTOREN

Der Hund soll konkrete Stöberhandlungen mit Erfolgen verknüpfen. Störfaktoren, wie z. B. andere Hunde, die unter Umständen

Immer nur mit einem Hund arbeiten: Allzu schnell lässt sich der Lehrling noch ablenken.

Ärger mit dem Stöberhundanwärter an erlegter Beute beginnen und ihn so negativ prägen, sollte man am Anfang einfach ausschließen. Auch die Vielzahl an erlegtem oder krankgeschossenem Wild bietet eine immense Reizlage für den jungen Hund auf großen Stöberjagden, denen er in diesem Stadium weder körperlich noch geistig gewachsen ist. Ziel ist es also, eine klar abgesteckte Übungsumgebung für den Hund zu schaffen und Ablenkung oder Fehlprägungsreize zu reduzieren.

DIE HILFE ANDERER

In kleinem Rahmen können Schützen gezielt instruiert und auch im Nachgang zur Leistung des Hundes befragt werden. Sie können aber auch im Rahmen von Stöberübungen unterstützen, also z. B. erste Zeichen von Anschneideverhalten des Hundes am erlegten Wild sofort mit scharfem „Pfui" oder dem Verlassen des Standes und dem Bergen des Wildes an den Sitz kurieren. Das ist schwer bis kaum möglich bei großen Drückjagden und vielen Hunden.

SICHERE UND ABRUFBARE ARBEITSLEISTUNG

Hunde, die gelernt haben, sich auf ihre eigene Leistung und ihr eigenes Tun (in Verbindung mit dem eigenen Hundeführer) zu verlassen, werden auch bei großen Drückjagden stabile Leistungen zeigen. Lernen Hunde von Anfang an, nur mit anderen Vierbeinern zu jagen, so sind sie oft ratlos, wenn sie tatsächlich einmal der einzige Stöberhund sind und der Jagderfolg nur von ihnen abhängt. Bei Durchgehern kommt hinzu, dass solche Hunde oft auch nicht in der Lage sind, sich an ihrem Hundeführer zu orientieren und mit ihm ein Team zu bilden. Beim Begegnen einer anderen Treibergruppe gehen sie z. B. gern mit der verloren.
Für nicht solo eingearbeitete Standschnaller steigt die Gefahr des „Verjagens", also des Nicht-Zurückfindens zum Hundeführer.

KEINE REGEL OHNE AUSNAHME

In besonderen Situationen können Ausnahmen von dieser Regel sinnvoll sein. Dies trifft allerdings nur zu, wenn die ersten Soloübungen nach einigen Wiederholungen nicht zum gewünschten Verhalten führen. Ein Beispiel hierfür ist ein sehr unsicherer und führerbezogener Hund, der auch mit 12 bis 16 Monaten noch keinen Sichtkontakt zum Hundeführer aufgeben will und dadurch Distanzen zu wildreichen Dickungen nicht überbrückt, also nicht jagen geht, obwohl er die Anlagen mitbringt. Hier kann der Einsatz eines erfahrenen und gut eingearbeiteten Stöberhundes helfen, die Hemmschwelle zu überwinden und das erste Erfolgserlebnis herbeizuführen. Hat man den Problempunkt erfolgreich bearbeitet, sollte dann wieder zur Solo-Einarbeitung übergegangen werden.

Nur wenn es so gar nicht klappen mag, kann der vorübergehende Einstaz eines erfahrenen Stöberers hilfreich sein.

TIPP

Junge Hunde können sich von vermeintlichen „Vorbildern" durchaus auch negative Dinge abschauen! Das kann bei solo eingearbeiteten Hunde nicht geschehen. Ohnehin müssen sie ihre eigenen Erfahrungen machen und eigene Sicherheit erhalten.

ÜBUNGSAUFBAUTEN STÖBERN – SCHRITT FÜR SCHRITT

Bevor die ersten konkreten Stöberübungen angegangen werden, muss der Hundeführer vor allem eines tun: Eine finale Entscheidung treffen, ob er oder sie sich mit dem Hund als Durchgeher aktiv im Treiben bewegen will oder als Standschütze den Hund vom Stand schnallen möchte. Auch wenn die Übungen in vielen Teilen ähnlich sind, unterscheiden sie sich doch in manchen Elementen deutlich, und ein Hin- und Herwechseln zwischen den Disziplinen wird zu unbefriedigender Leistung des Hundes führen.

Wenn konsequent an dieser ersten Entscheidung ausgerichtet geübt wird, ist es bei nahezu aus jeder zum Stöbern auf Schalenwild geeigneten Hunderasse möglich, den Vierbeiner zu einem soliden Durchgeher oder Standschnaller zu machen. Natürlich gibt es Rassen, die sich besser zur einen oder anderen Disziplin eignen (s. Kapitel „Die Auswahl der geeigneten Jagdhunderasse“, S. ▪▪). Eine Deutsche Bracke z. B., züchterisch eher als „Weitgänger“ angelegt, wird sich tendenziell immer leichter zum eigenständig jagenden Standschnaller ausbilden lassen als zum eng um den Führer arbeitenden Durchgeher. Und auch innerhalb einer Rasse gibt es hin und wieder auch seltene hundeindividuelle Ausnahmen.

DER RICHTIGE ÜBUNGSPLATZ

Wichtig ist in dieser frühen Übungsphase, sich ein Revier und für alle Übungen einen Platz auszusuchen, an dem Straßen oder andere vorhersehbare Gefahren weit genug, möglichst über 500 m, entfernt sind. Zu Beginn ist neben der Nähe zu einer vielversprechenden wildreichen Dickung, von deren Rand der Übungsplatz maximal 20 bis 30 Meter entfernt sein sollte, auch ein etwas

§ STÖBERN IM „ECHTBETRIEB“ – NICHT ZU BELIEBIGEN ZEITEN! §

In der Zeit von April bis August sind trächtige Tiere und viele Jungtiere (z. B. Rehkitze) im Wald unterwegs. Diese brauchen Ruhe bzw. sind einem stöbernden Junghund unterlegen. Daher dürfen Stöberübungen im „Echtbetrieb“ nur in der Zeit von September bis Februar durchgeführt werden. Dann ist das Jungwild groß und schnell genug, um vor dem Stöberanwärter zu flüchten.

In einem dickungsreichen Wald findet sich sicher ein geeigeneter Übungplatz fernab von Straßen.

einfacherer Untergrund hilfreich. Die allerersten Stöberübungen müssen wirklich nicht in der kniehohen Brombeerdickung oder in dichtestem Schilf beginnen, auch wenn dort wahrscheinlich Rehe oder Sauen liegen. Junge Hunde tun sich mit Brombeeren und Schilf oft schwer und lassen sich von schmerzhaften Dornen oder Schnitten von ihrem Tun abbringen. Außerdem ist es gut, den Hund beobachten zu können, und das fällt bei niedrigem Bodenbewuchs deutlich leichter.

ETAPPENZIEL 1: DISTANZÜBERWINDUNG, AUFGABE SICHTKONTAKT

Egal ob Standschnaller oder Durchgeher, ein Stöberhund muss mit einer gewissen Eigenständigkeit seine Arbeit verrichten, d. h., den unmittelbaren Kontakt zum Hundeführer aufgeben und selbstständig und systematisch nach vielversprechenden Wildfährten suchen.

Für einen Junghund mit fünf bis sechs Monaten kann diese erste Übung noch schwierig sein, denn sein Sicherheitsbedürfnis und der Wunsch, sich im Schutzbereich des Führers zu bewegen, ist in diesem Alter sehr hoch. Allerdings machen wir uns in dieser Phase zunutze, dass sich der junge Stöberhund auch sehr für andere Reize um ihn herum und besonders für Wild zu interessieren beginnt. Bei manchen Hunden und Rassen mag dies noch nicht mit fünf bis sechs Monaten der Fall sein, aber mit sieben bis acht Monaten sind im Normalfall alle geeigneten Jagdhunderassen so neugierig auf das, was da so gut aus der Dickung duftet, dass sie den Kontakt zum Führer, wenn zunächst auch nur kurz, aufgeben. Und das ist das erstes Übungsziel, auf das man nur zu zweit hinarbeitet.

Guter Platz – die Dickung ist knapp 50 m weit. Jetzt geht es um Distanzüberwindung und Eintauchen ins Dunkle.

SIGNALE SCHON JETZT

Hat man einen geeigneten Übungsort im Revier gefunden, parkt man in dessen Nähe und richtet den Vierbeiner ganz unaufgeregt und freundlich am Auto. Die ersten Signale werden etabliert und die Vorgehensweise bleibt nun für die gesamte Einarbeitungszeit idealerweise immer ähnlich. Dem Lehrling werden also seine Signalweste und das Ortungssystem angelegt. Auch der Hundefüh-

Rituale vor der Arbeit, wie das Anlegen des Ortungsgeräts, bringen Struktur in die Abläufe und werden von Anfang an praktiziert.

rer oder die Hundeführerin trägt eine Hundeführerjacke bzw. eine Drückjagdjacke und gegebenenfalls eine Dornen- oder Sauenschutzhose. Eine Waffe muss noch nicht zwingend mitgenommen werden.

NEBENEFFEKT: BASIS DES ZURÜCKFINDENS

Obwohl Etappenziel 1 noch ein anderes ist, legt die Übung dazu auch bereits den Grundstein für das Orientieren des jungen Hundes im Gelände und das Zurückfinden auf der eigenen Spur. Denn der Junghund lernt mit dem langsamen Ausbau der Distanz zum Hundeführer behutsam, diese Distanzen auch wieder rückwärts zu arbeiten, bis er wieder beim Führer ankommt.

A DURCHGEHER

Ist die Ausstattung komplett, begibt man sich mit dem Hund an der Leine in Richtung Einstand. Im Optimalfall hält man an einer Rückegasse in Einstandsnähe an und lässt den Hund neben sich kurz ein paar Minuten zur Ruhe kommen. Man kann sein Verhalten in dieser Zeit bereits beobachten. Hält er seine Nase in den Wind? Äugt er neugierig umher? Hat er die Nase bereits am Boden und verspürt den ersten Drang loszuspringen? Wichtig ist, an diesem Punkt noch nicht auf die Befolgung irgendwelche Befehle oder auf Ruhe zu pochen. Es sind die ersten Schritte zum Stöberhund und das heutige Ziel heißt „Lösen vom Hundeführer“, nicht „Standruhe halten“ oder „Kommandos üben“. Bei besonders energiegeladenen Hunden, wie z. B. Terriern kann man an dieser Stelle auch eine kleine Ruheübung einbauen, also Fuß auf die Leine und abwarten, bis Ruhe in den Hund einkehrt.

Schicken

Nach dieser meist kurzen, nur ein bis zwei Minuten währenden Pause entfernt man Führleine und Halsung vom Hund und fordert ihn zum kurzen Blickkontakt auf. Erst dann wird der Hund mit einem gezielten Kommando und einer motivierenden Handbewegung in Richtung Dickung geschickt. Das Kommando sollte ein neues und nur zum Stöbern verwendetes sein, das er zu diesem Zeitpunkt zwar noch nicht kennt, aber schnell verinnerlichen wird. Von „Wo ist das Reh?“ bis „Auf geht’s zum Stöbern“ oder „Los auf die Wutz“ ist der Krea-

Schicken: klare Richtungsanzeige und künftiges Stöberkommando, z. B. „Loki, schön voran!“

tivität keine Grenze gesetzt. Empfehlenswert ist es, kein „Such ...“-Kommando zu wählen, da dies oft im Rahmen der Nachsuchenarbeit verwendet wird.
Ab jetzt heißt es: den Hund motivieren und mitmachen. Denn wer einen Durchgeher ausbildet und führt, hat die Entscheidung gefällt, sich mit ihm zusammen durchs Unterholz zu schlagen und gemeinsam mit ihm zum Jagderfolg beizutragen.

KONTAKT ZUM HUND HALTEN

Das verbale und motivierende Kontakthalten durch den Hundeführer ist ein wichtiges Element, das bereits jetzt begonnen werden muss. Also Treibergeräusche wie „Heja“ „Hopphopp“ und „Hossa“ sind genauso hilfreich wie „Auf geht's! Hier geht's lang!“. Gemeinsam wird so nun also der Waldort und der Dickungskomplex langsam durchstreift. Der Hund soll dabei nicht mit Kommandos wie „Zurück“, „Hier“ oder „Nein“ eingebremst werden, sondern nur bei fragenden Blicken Richtung Hundeführer wieder mit der Handbewegung geschickt und mit Kommando und motivierenden Äußerungen beflügelt werden. In dieser Phase muss man den Hund gehen lassen und eigenständige Nasenarbeit fördern, auch wenn das bedeutet, dass der Hund nicht im eigenen Einwirkungsbereich bleibt.

Der Optimalfall

Im besten Fall nimmt der Hund jetzt die Nase halbhoch Richtung Boden und fängt an, in kleinen Bögen und Zickzacks in der Nähe des Hundeführers nach Fährten zu suchen.
Anfangs kann es sein, dass er dieses Verhalten nach 10 bis 20 Metern abbricht und sich zum Hundeführer umdreht, das ist bei einem jungen Hund völlig normal. Wichtig ist, dass man ihn in diesem Fall erneut motiviert, selbst weiterläuft (s. Kasten) und sich nicht von der ausgedachten Treiberroute durch und um die Dickung abbringen lässt.

WEITERLAUFEN

Sucht der junge Hund ohne Sichtkontakt in der Dickung, bewegt sich der Hundeführer sinnvollerweise schon beim ersten Übungsaufbau weiter auf seine Route und macht sich verbal bemerkbar wie beschrieben. Denn das Weiterlaufen verringert auf Dauer die Jagd- und Suchdistanz des Hundes. Ein Hund, der weiß, dass er seinen Führer nie dort wiederfindet, wo er ihn verlassen hat, wird auch beim späteren passionierten Jagen früher umdrehen und wieder den Kontakt suchen. Das machen wir uns bei der Ausbildung zum Durchgeher zunutze und bleiben eben deswegen nicht stehen. Im Umkehrschluss bedeutet das Gesagte übrigens, dass ein Stehenbleiben des Hundeführers den Hund weiträumiger macht.

Ziel dieser ersten Etappe ist es, den Hund dazu zu bringen, sich in seinem Suchverhalten so weit vom Hundeführer zu entfernen, dass er ihn nicht direkt sieht. Wenn sich der Hund dann eigenständig 30 bis 50 Meter in die Dickung verabschiedet und darin kurze Zeit nach frischen Wildfährten sucht, ohne ständig Blickkontakt und Rückversicherung beim Hundeführer zu suchen, ist dieses erste Ziel erreicht.

KEIN LÖSEN VOM HUNDEFÜHRER?

So, wie ein Weiterlaufen des Hundeführers ein kürzeres Jagen des Hundes fördert (s. Kasten oben), wird ein Hund weiträumiger, wenn Hundeführerin oder -führer stehen bleiben. Tut sich der Stöberhundanwärter also nach einiger Übung noch schwer, die Sicherheit des Hundeführers aufzugeben, kann dieser am Dickungsrand auch einfach einmal verharren. Der Hund wird zunächst etwas verunsichert sein – das kann auch mal fünf bis 15 Minuten dauern –, dann aber mit großer Wahrscheinlichkeit, von den guten Gerüchen aus der Dickung angezogen und abgelenkt, die nötige Distanz aufbauen, um kurz eigenständig ins Unterholz abzutauchen. Sobald der Hund den Sichtkontakt aufgegeben hat, kann der Hundeführer weiterlaufen und wieder mit dezenten verbalen Motivationen und Ausrufen beginnen.

Klebt der Durchgeher zu sehr, kann es helfen, einfach einmal an einer Dickung stehen zu bleiben.

LOB BEIM ZURÜCKKOMMEN NACH ERREICHEN DES ZIELS!

Hat der Hund das beschriebene Verhalten gezeigt und kommt er wieder zum Hundeführer zurück, sucht also den Kontakt zu ihm, wird verbal freudig reagiert, gern mit Streicheleinheiten oder einem Leckerchen gelobt und die Übung mit freudigem Anleinen und lockerem Zurückgehen zum Auto beendet. Denn zum einen hat der Hund einen wichtigen ersten Schritt gemacht und zum anderen ist das Zurückkommen ebenfalls ein wichtiger Bestandteil der Stöberarbeit, der stets positiv belegt sein muss. Am Auto wird die Signalweste abgenommen und ein Schälchen Nassfutter geöffnet. Der Übungstag ist damit erfolgreich beendet. Nicht erfolgreiche Übungseinheiten werden nach ca. 30 Minuten „Treiben“ neutral abgebrochen, der Hund freudig angeleint und zurück zum Auto gebracht. Neuer Tag, neue Dickung, neues Glück!

B STANDSCHNALLER

Der ausgerüstete Junghund wird an der Führleine zu dem Ort geführt, den man für die erste Stöberübung ausgewählt hat. Im Optimalfall steht dort ein Drückjagdbock oder eine andere Ansitzeinrichtung. Es eignen sich aber auch unbebaute, gut einsehbare Waldorte mit Dickungsnähe.

Hundeführer bleibt am Boden

In dieser frühen Ausbildungsphase steigt der Hundeführer noch auf keine Ansitzeinrichtung, sondern bleibt als emotionale Stütze auf dem Boden beim Junghund. Da sich erste Stöberübungen oft über mindesten 30 bis 50 Minuten hinziehen, kann es vorteilhaft sein, sich einen Campingstuhl oder eine kleine jagdliche Sitzgelegenheit mitzunehmen.

An der ausgesuchten Stelle, z. B. neben dem Drückjagdbock, richtet sich der Hundeführer dann mit dem Hund ein. Er hat neben seiner Sitzgelegenheit auch seinen Jagdrucksack, ein kleines Döschen Nassfutter oder eine andere attraktive Futterbelohnung, etwas Wasser und eine kleine Hundedecke dabei, auf die er den Hund nun platziert. Ist alles an seinem Ort verstaut, wird wenige Minuten gewartet und erst einmal der neue Ort gemeinsam wahrgenommen. Auch hier haben Nase, Augen und Ohren des Hundes schon viel zu tun und der vierbeinige Partner hat etwas Zeit, die neuen Eindrücke aus einer sicheren Situation heraus zu sortieren. Normalerweise wird ihm dabei schnell klar, wo jagdlich vielversprechende Bereiche in der Umgebung sind, wo sich also eine Suche nach Wild lohnen könnte.

Nach dieser kurzen Wartezeit werden Leine und Halsung vom Hund entfernt, ein kurzer Blickkontakt eingefordert und dann, wie auch beim Durchgeher, mit einer motivierenden Handbewegung und einem speziellen Stöberkommando in Richtung Dickung geschickt, z. B. „Und los!“

Hundeführer am Boden ist am Anfang noch wichtig für den Hund in Ausbildung.

Ruhe und Geduld bewahren

Nun heißt es, anders als beim Durchgeher, abwarten und Tee trinken. Der Hund soll lernen, dass sein Hundeführer sich immer am gleicheren Ort befindet, an dem er ihn verlassen hat, und dass er getrost den Sichtkontakt zu ihm aufgeben kann, um Wild zu suchen. Auch das vermutlich nicht auf Anhieb klappen: Der Hund wird zunächst etwas freudig aber ziellos umherlaufen, zu schnüffeln beginnen, sich aus dem Wind eine Nase Gerüche holen, aber dann schnell wieder zum Hundeführer sehen, ob dieser wirklich noch da ist. Besonders sicherheitsbedürftige Hunde werden auch Körperkontakt suchen und sich vielleicht auch neben den Hundeführer setzen. Dann sollte der Vierbeiner wieder mit Handbewegung und motivierenden Worten zum Stöbern geschickt werden.

Im Normalfall überbrücken junge Stöberhunde kurze Distanzen bis zum wildreichen Einstand relativ schnell und zielsicher. Es ist aber kein Grund zur Sorge, wenn dies mehrerer solcher ersten Übungseinheiten bedarf, vor allem wenn der Hund noch sehr jung, d. h., fünf bis sieben Monate alt ist.

Der Optimalfall

Im besten Fall beginnt der Vierbeiner nach dem Schicken durch den Hundeführer mit halbhoher Nase die Umgebung abzusuchen und sich so in Richtung Dickung zu arbeiten. Am Dickungsrand wird es besonders spannend, die Gerüche ziehen den jungen Stöberhund in seinen Bann und lassen ihn alles um sich herum vergessen. Der Hund gibt dann automatisch den direkten Kontakt zum Führer auf und wird einige Zeit lang eigenständig im Einstand unterwegs sein. Normalerweise sind diese Ausflüge zunächst kurz, vor allem wenn der Hund nicht direkt auf eine warme Wildfährte stößt.

Auch hier: Lob bei Rückkehr nach Erreichen des Ziels!

Kommt der Hund nach solch einem Ausflug

„Juhuuu, du bist wieder da!" Findet der Hund selbständig zurück, wird ausgiebig gelobt

zurück in den Sichtbereich des Hundeführers oder sogar bis zu ihm, so wird der Lehrling verbal freudig gelobt und bekommt bei Ankunft am Startpunkt – dem „Drückjagdstand" – auch das Nassfutter und Wasser präsentiert. Die erste Übungseinheit ist damit beendet und der Hund muss danach auch nicht noch mal gehen. Er wird angeleint, alles wird eingepackt und man begibt sich gemeinsam zurück zum Auto, wo der Hund die Weste und das Ortungsgerät abgenommen bekommt.

Kein Lösen vom Stand?

Gelingt es einem unsicheren oder noch sehr jungen Hund nach mehreren Versuchen nicht, die kurze Distanz zur Dickung allein zu überbrücken, so kann der Hundeführer am Anfang als Motivator ein Stückchen mitgehen. Beispielsweise bis zum Dickungsrand, um den Hund dort nochmals mit dem Kommando und der Handbewegung hineinzuschicken und ihm gut zuzureden. Ist dieser Versuch erfolgreich und der Hund im Einstand verschwunden, so kann der Hundeführer wieder zu seinem Sitz zurückkehren und dort auf die Rückkehr des Hundes warten.

Will es dieses Mal so gar nicht klappen, bricht man nach ca. 60 Minuten wertfrei ab, leint den Hund freudig an und bringt ihn zurück zum Auto. Auch hier ist noch längst nicht aller Tage Abend!

ZURÜCKFINDEN AUF EIGENER UND HUNDEFÜHRERSPUR

Schon diese frühen Übungseinheiten tragen dazu bei, dass der Hund lernt, auf seiner eigenen Spur zurück zum Ausgangspunkt zu finden. Beim Durchgeher muss er im Anschluss die Führerfährte aufnehmen und den Weg, den der Zweibeiner in der Zwischenzeit zurückgelegt hat, ebenfalls nacharbeiten. Zusätzlich wird das räumliche Orientierungsverhalten des jungen Hundes weiter ausgeprägt (Hunde besitzen eine sehr gute räumliche Orientierung).
All das beginnt mit kurzen Distanzen und Wegen und wird im Laufe der Stöberausbildung weiträumiger und komplizierter. Dank eines gezielten Übungsaufbaus vom Leichten zum Schweren ist dies für den Hund aber ein kontinuierlicher Lernprozess, der ihn nicht überfordert und dessen Lernerfolge sich tief verankern.

ETAPPENZIEL 2: SUCHE – FINDEN – LAUTES JAGEN

Nachdem der Hund nun im Ansatz verstanden hat, dass nach dem Anlegen von Weste und Ortungshalsung (A) das alleinige Arbeiten in einiger Distanz zum Hundeführer (B) folgt und dass selbstständiges Zurückkommen (A) mit einem Freuden-Feuerwerk und gegebenenfalls Futter (B) belohnt wird, folgen die nächsten wichtigen Lernschritte. Hier geht es maßgeblich um das weitere Entwickeln einer raumgreifenden Suche nach Wild und das laute Verfolgen frischer Fährten.

ALLGEMEINES

Die Übungsaufbauten bleiben dabei die gleichen wie bei Etappenziel 1, d.h., auch hier sind zunächst Hund und Hundeführer als Durchgeher oder Standschnaller allein im Wald nahe den Einständen unterwegs. Etappenziel 2 knüpft dabei in aller Regel nahtlos an das Lösen vom Hundeführer an, denn da ist natürlich die Nase schon eingesetzt worden: Die Witterung nach Wild hat ja dafür gesorgt, dass der Hund den direkten Kontakt zum Hundeführer überhaupt aufgegeben hat.

DAS ZIEL – MAL SCHNELL ERREICHT, MAL NICHT

In manchen Fällen entstehen die Abläufe zu Ziel 1 und 2 sogar in derselben Übungseinheit, weil nämlich der Junghund, der sich zum ersten Mal richtig vom Führer löst und intensiv mit der Nase auf Fährtensuche geht, auch gleich über eine frische Schalenwildfährte stolpert und dieser laut folgt. Wie im Kapitel „Angewölfte Anlagen" ab Seite 24 bereits geschildert, ist dieses Verhalten nichts, was man dem Hund grundlegend beibringen müsste. Zum Stöbern geeignete Hunderassen bringen die Anlagen Fährtenwille und -laut mit. Die Rahmenbedingungen muss man aber gestalten und die Teamarbeit trainieren.
Oft braucht es allerdings auch mehrere Trainingseinheiten, bis der Hund genug Selbstbewusstsein in sein Können setzt und sich weit genug löst bzw. lange und intensiv genug mit der Nase sucht, um auch eine frische Wildfährte zu finden.

DER „ZIELEINLAUF" IST GUT ZU HÖREN

Dem Hundeführer, egal ob Durchgeher oder Standschütze, wird das Erreichen von Etappenziel 2 schnell deutlich: Der Hund gibt Laut, kreiselt und bögelt dabei vielleicht noch kurz an einer Stelle, bewegt sich dann aber zügiger und bellend in eine Richtung, nämlich die Fluchtrichtung des Wildes. Mit

Hat er das Ziel erreicht und eine frische Fährte gefunden? Das ist bei einem fährtenlauten Hund schnell hörbar.

TIPP

Den Spur- oder Fährtenlaut eines Jagdhundes kann man je nach Tonlage des Lauts, Topografie, Bewuchs und Wind ca. 300 bis 500 Meter weit hören. In seltenen Fällen, z.B. bei offener Landschaft und passendem Wind, auch weiter. Und unter extremen Bedingungen wie eine Kuppe und schneeverhangener Dickung zwischen Hund und Mensch auch einmal weniger weit.

viel Glück gelingt es dem Hundeführer auch, ein flüchtiges Stück Wild zu sehen oder zu hören, wenn dieses noch in der Dickung lag.

GESPANNTES ERLEBEN STATT GEFÜHL DER MACHTLOSIGKEIT

Hat der Hund den Hundeführer Laut gebend in eine Richtung verlassen, so ist das vor allem für den Erstlingshundeführer befremdlich. Jetzt ist man „machtlos" und muss sich überraschen lassen, wie es weitergeht. Diese Situation sollte keinesfalls als beängstigend wahrgenommen werden, denn wenn man den Ort und den Übungsaufbau richtig gewählt hat, kann eigentlich wenig Schlechtes passieren und über das Ortungssystem ist man räumlich ja noch mit dem Hund verbunden. Es ist eher spannend zu erleben, was der eigene Hund nun tut, wie selbstbewusst er vielleicht schon ist, wie er sich anhört, wie weit er weggeht und wie er wieder zurückkommt. Versucht man, sich hierauf zu konzentrieren, mit Blick darauf, die Erlebnisse nachher auch zu reflektieren und auszuwerten, gerät man schnell unter positive Spannung, empfindet Freude und verliert das ungute Gefühl, dass der Hund plötzlich „weg" ist.
Von diesem Zeitpunkt an erfordert es wieder die richtigen Reaktionen des Hundeführers zu gegebener Zeit, damit auch die weiteren Ausbildungsziele erreicht werden können.

(NOCH) ZU ENGRÄUMIGE SUCHE UM DEN HUNDEFÜHRER

Die Suchleistung des Stöberhundes in der frühen Einarbeitungsphase ist meist noch weit entfernt von den Arbeitsradien, die wir bei einem gut ausgebildeten Stöberhund beider Disziplinen bei der Suche nach Wild sehen möchten. Hier führen die Wiederholung von Stöberübungen sowie die vom Hund gesammelten Erfahrungen normalerweise automatisch zu einer Erweiterung des Aktionsradius und eine weiträumigere Suche mit jeder Übungseinheit.

ETAPPENZIEL 3: RÜCKKEHR

Nachdem der junge Stöberhund unter Beweis gestellt, dass er das Stöbern auf Schalenwild leisten kann, schließt sich nahtlos Etappenziel 3 an. Der Hund muss zuverlässig zum Hundeführer zurückfinden. Doch wie können ihn der treibende Hundeführer oder der Hundeführer auf dem Drückjagdstand dabei unterstützen?

A DURCHGEHER

Getreu dem Motto „nicht stehen bleiben" setzt der Durchgeh-Hundeführer auch jetzt seine Route fort und macht sich durch laute Rufe wie „Hopphopp!", „Auf geht's" oder ähnlichen Ausrufen bemerkbar. Er kann das Tempo etwas verlangsamen, sollte für den Hund aber nie dort zu finden sein, wo der ihn verlassen hat. Auf dem Ortungssystem lässt sich genau beobachten, wie weit der Hund sich wegarbeitet, vielleicht vernimmt man bis dahin auch noch seinen Fährtenlaut. Man erkennt auf dem Handheld des Systems oder gegebenenfalls dem Smartphone auch, wenn der Hund augenscheinlich vom Wild abgelassen hat und Richtung Hundeführer zurückkommt oder aber in der Ferne noch mal bögelt und kreiselt, um eine verlorene Schalenwildfährte wiederzufinden.

Der Optimalfall

Durch lautes Rufen als treibender Hundeführer, in das natürlich auch der Name des Hundes einfließen sollte – „Loki, hier geht's lang!" – wird der Hund, der die Wildfährte verloren oder selbst abgebrochen hat, daran erinnert, dass er ja ursprünglich im Team unterwegs war. Das Rufen erleichtert es dem Hund einfach auch, sich in Richtung Hundeführer zu orientieren und in Verbindung mit dem Einsatz seiner Nase auf der Spur des „Chefs" wieder zu ihm zu finden. Klingen die Rufe „seines" Hundeführers motivierend, nähert sich der Junghund und schließt sich ihm

Der weiterlaufende Hundeführer macht sich durchgängig akustisch bemerkbar, um seinem Durchgeher das Zurückfinden zu erleichtern.

noch bereitwilliger an, um dann die Tour gemeinsam fortzusetzen. Im besten Fall sucht der Lehrling nach ca. fünf bis 15 Minuten wieder Sichtkontakt zum Hundeführer. Mit dem Zurückfinden tun sich junge Hunde zu Beginn oft noch etwas schwer, was die akustische Unterstützung dann lösen kann.

Freude zeigen bei der Rückkehr

Ein Hund, der nach Suchen, Finden und Jagen einer frischen Wildfährte zum Hundeführer zurückkehrt, wird in den höchsten Tönen gelobt, gestreichelt und motiviert, weiter mit dem Hundeführer mitzukommen. Es muss vermittelt werden, dass es immer dort spannend ist, wo Hundeführer und Hund jetzt gemeinsam hingehen. Je nachdem, wie lange die Übung bis zu diesem Punkt gedauert hat, kann man den kleinen Trieb dann noch etwas fortsetzen und versuchen, ein weiteres Jagderlebnis zu finden.

Übungsende

Am Anfang besitzen die Vierbeiner allerdings noch wenig Kondition und sind schnell von ihrer Nasenarbeit ermüdet, sodass man die Übung nach einem erfolgreichen Durchgang mit gelungenem Zurückkommen auch freudig beenden kann. Länger als 45 bis 60 Minuten sollte der Trieb nicht dauern, deshalb lieber nach einem Erfolgserlebnis aufhören, anstatt ein zweites zu erzwingen.

Die Belohnung mit Nassfutter oder anderer Leckerei darf dann spätestens am Auto nicht fehlen. Viele junge Stöberhunde sind von der Übung und den Ereignisse aber noch so eingenommen, dass sie kein Futter nehmen. Wasser sollte man allerdings immer am Mann oder an der Frau haben, um es dem Hund bei Bedarf anzubieten.

Durchgeher zu weit und zu lange unterwegs

Gerade in der Einarbeitungsphase kann es vorkommen, dass Hunde von ihrem Jagderlebnis so überwältigt sind, dass sie für einen Durchgeher zu weit jagen und anschließend aufgrund der großen Distanz zum Hundeführer und des Fehlens der akustischen Orientierungsmöglichkeit nicht mehr zurückfinden. Ist der Hund über mehr als 30 Minuten auf Distanzen von über 500 Metern entfernt und macht er keine Anstalten, auf der eigenen Fährte zurückzufinden, sollte ihm der Hundeführer etwas entgegengehen.

Wichtig ist, dabei dem Hund nicht zu vermitteln, dass abgeholt, eingefangen oder Ähnliches wird: Die Treiber-Route wird einfach in Richtung Hund verlegt und zügig in seine Richtung gegangen. Ist man in Rufweite (ca. 300 M) so macht man sich akustisch wieder bemerkbar und ruft den Hund zum weiteren gemeinsamen Treiben. Meistens genügt das schon und der Stöberhundanwärter ist dankbar, endlich wieder seinen Menschen zu vernehmen, sodass er sich freudig anschließt.
Nach einer gut gelaunten Wiedervereinigung – auch ist jeder Tadel fehl am Platz, er hilft der Stöberarbeit nicht! – wird der gemeinsame Übungstrieb noch kurz fortgesetzt, der Hund dann angeleint und die Übung für den Tag beendet.

Wie immer es lief: Am Ende wird nicht getadelt. Die Übung wird entspannt beendet, und es geht zum Auto zurück.

B STANDSCHNALLER

Auch der sich neu in Ausbildung befindliche Standschnaller hat eine frische Wildfährte selbstständig gefunden und verfolgt diese zunächst laut. Der Hundeführer wartet in der Zwischenzeit am Stand und kann seinem Hund akustisch über den Fährtenlaut und visuell auf dem Ortungsgerät „folgen". Zu Beginn wird sich der Standschnaller in der Regel nicht zu weit und zu lange entfernen, aber Distanzen von 300 bis 600 Metern zum Hundeführer und eine Dauer von 30 bis 60 Minuten bis zur nächsten Kontaktsuche können bei selbstbewussten Junghunden auch anfangs normal sein.

Der Optimalfall

Bestenfalls kommt der Hund in den oben geschilderten Zeiträumen selbstständig auf der eigenen Fährte zum Ausgangspunkt zurück. Dies hat er in den ersten Stöberübungen mit kurzen Distanzen gelernt und kann das im Regelfall auch jetzt anwenden. Manchmal sieht man auf den Ortungsgeräten auch, dass der Hund sich räumlich orientiert und den Rückweg abkürzt, was selbstverständlich genauso funktioniert. Der Hundeführer wartet in dieser Zeit geduldig an seinem Stand, wo er sich immer noch auf dem Boden befindet und nicht auf einer Jagdeinrichtung.

Positive Gestaltung der Rückkehr

Erscheint der Hund wieder im Sichtfeld oder auf Rufdistanz (200 bis 300 Meter), so

TIPP

Hat sich der Hund sehr weit entfernt vom Hundeführer und findet nicht zurück, lassen manche Vierbeiner auch ein besonderes Bellen hören (s. S. 26). Mit einer Mischung aus Jaulen und Bellen versuchen sie dann ihrerseits, mit dem Hundeführer Kontakt aufzunehmen.

kann der Hundeführer seinen Standschnaller ebenfalls akustisch loben und freudig zu sich herrufen. Am Stand gibt es dann auch gleich leckeres Fressen zur zusätzlichen positiven Verknüpfung des Zurückkommens – wie auch der Durchgeher ist er vielleicht aber noch zu erregt, um Futter anzunehmen. Außerdem warten am Stand eine weiche Decke und Wasser, sowie eine Leine, die dem Hund freudig und nicht hastig wieder angelegt wird. Und wieder muss auch hier das Zurückkommen nach erfolgreichem Jagderlebnis – das Jagen selbst ist schon Erfolg für den Hund – durchweg positiv belegt werden und für den Hund lohnenswert sein.

Schicken aus der Höhe – weiterer Schwierigkeitsgrad

Erst nach diesem Erfolgserlebnis, also Etappenziel 3, sollte der Hundeführer einen weiteren Schwierigkeitsgrad zum Übungsaufbau für den Standschnaller hinzufügen: nicht mehr am Boden zu warten nämlich und den Hund von dort zu unterstützen, sondern die Übungseinheit von einer Jagdeinrichtung einzuleiten. Dies ist nicht schwierig und fast schon selbstverständlich für den Standschnaller, der ja im Vergleich zum Durchgehhund schon jetzt deutlich eigenständiger arbeitet und entscheidet.

Standschnaller zu weit und zu lange unterwegs

Gerade beim jungen Standschnaller kann es in der Einarbeitung zu sehr weiträumigen und langwierigen Jagdausflügen kommen, die es dem Hund erschweren, im Anschluss wieder zum Ausgangspunkt zurückzufinden. Die Möglichkeiten für den Hundeführer, ein solches Verhalten zu korrigieren, sind begrenzt. Beharrliches Warten am Stand, auch für mehrere Stunden, ist eminent wichtig, natürlich gepaart mit wieder der positiven Belegung des Zurückkommens – Streicheleinheiten, Futter, Freude.
Wer seinen Hund in dieser Phase aus Ungeduld regelmäßig in anderen Waldgebieten abholt, wird in der Drückjagdzeit stets zu spät zum Schüsseltreiben kommen, viel Benzin verfahren und einige graue Haare hinzugewinnen. Essenziel beim Standschnaller für ein Kontakthalten zum Hundeführer in größeren Zeitabschnitten von ca. 60 Minuten ist zudem das Beuteerlebnis. Hierauf wird im folgenden Verlauf näher eingegangen (s. S. 110 ff.).

Leichte Steigerung: Der Hund wird aus erhöhter Position zum Stöbern geschickt.

KEIN „DAS TAXI WIRD SCHON KOMMEN"

Dem Standschnaller anfangs niemals einfach hinterherzufahren und ihn irgendwo abzuholen, ist ungeheuer wichtig. Hunde lernen schnell und schon bald „weiß" Vierbeiner sonst, dass er sich die Mühe des Zurückfindens gar nicht machen muss – Frauchen oder Herrchen holt ihn ja ohnehin ab. Einzige Ausnahme: Der Hund befindet sich in bedrohlicher Nähe zu einer Straße oder einer sonstigen Gefahr. Dann gilt es einfach, schnell vor Ort zu sein und das Schlimmste zu verhindern.

Das Bestehen des Fachs „Standruhe" ist Voraussetzung für die Erlangung der „Brauchbarkeit Stöbern bzw. „Brauchbarkeit für die Bewegungsjagd".

ETAPPENZIEL 4: STANDRUHE – EIN MUSS

Kurz vor Beginn der Jagd, bereits in voller Ausrüstung noch ruhig am Hochsitz zu warten, oder ohne Gewinsel und Bellen neben dem treibenden Hundeführer auszuharren, bis die Treiberwehr losläuft – das bezeichnet man als Standruhe. Sie ist wichtig, da es auf großen Stöberjagden häufig einige Zeit braucht, bis alle Schützen angestellt sind. Erst zu einer vorher bestimmten Uhrzeit sollen dann alle Hunde zeitgleich zum Stöbern geschnallt werden. Dann erst dürfen sich die Hunde vom Führer/der Führerin lösen und zu stöbern beginnen.
Oft liegen 30 Minuten und mehr zwischen Einnehmen des Standes oder dem Treffen am Startpunkt der Treiber bis zum Schnallen der Hunde. Stöberhunde, die vor lauter Jagdeifer und Passion in dieser Zeit schon lautstark dazu auffordern, sie von der Leine zu lassen oder gar an dieser reißen und zerren, können eine Gefahr für Schützen und Treiber sein und haben sicher keinen positiven Effekt auf den Jagderfolg, der sich zu Beginn der Jagd nicht selten auf langsam anwechselndes Wild bietet.
Die Standruhe muss gezielt auch gleich mit dem jungen Stöberhund trainiert werden, damit sie zur Routine wird und der Hund im späteren jagdlichen Echtbetrieb nicht zur Behinderung des Jagdablaufes wird. Die Standruhe ist ein Produkt aus Wesensfestigkeit und Ausbildung, nicht alle Rassen tun sich leicht mit ihr. Dennoch ist sie zwingend nötig.

ÜBEN ANFANGS ENTKOPPELT

Es empfiehlt sich das Thema Standruhe am Anfang als eigenen Übungsschritt zu trainieren. Das entspricht dem Lernverhalten des Hundes, der sich bei einwirkenden Reizen meist einen heraussucht, den er dann mit einem Ergebnis verknüpft. Das bedeutet: Wir sollten den Hund, wenn irgend möglich, nicht mit mehreren Lerninhalten gleichzeitig konfrontieren, sondern die gewünschten Verhaltensweisen zunächst einzeln erlernen lassen und dann wie ein Puzzle zusammenfügen.

Das Standruhe-Training wird zunächst also entkoppelt von der Stöberarbeit. Die Signale werden aber auch hier eingesetzt, der Hund also im Wald am Auto mit Signalweste und Ortungsgerät ausgestattet. Danach geht man wie bei der Stöberübung zum Waldort, an dem es normalerweise zum Stöbern geht.

A DURCHGEHER

Hund und Hundeführer nehmen an einer Rückegasse Aufstellung und warten dort, wie kurz vor dem Stöbern. Der Hund darf sitzen, liegen, stehen, nur ruhig muss er sich verhalten.

Korrektur

Auf Winseln oder Jaulen sowie Bellen oder Leineziehen wird jetzt korrigierend eingewirkt. Sei es mit einem Befehl, den der Hund schon kennt, wie beispielsweise „Leise", „Ruhe", „Schschscht" oder einfach „Nein" – je nachdem was der Hund aus anderen Kontexten zum Thema Ruhe-Halten schon kennt. Aber auch körperlich präsentes Agieren des Hundeführers kann zusammen mit der akustischen Korrektur vonnöten sein – z. B. sich vor den Hund zu stellen und Raum einzunehmen, wenn der Lehrling an der Leine zerren oder in sie einspringen möchte.

Dezentes Lob und/oder Futterbrocken

Zeigt der Hund das gewünschte ruhige Verhalten, wird er dezent und leise gelobt. Bei futteraffinen Hunden kann auch mit Leckerchen zur Bestärkung des ruhigen Verhaltens gearbeitet werden. Passionierte Jagdhunde nehmen aber auch jetzt manchmal kein Futter an, weil die Aufregung zu groß ist, auch das ist in Ordnung. Dann wird positives Verhalten, d.h. Ruhe-Halten, mit Gleichgültigkeit oder entspannter Freude belohnt.
Hält der Hund fünf bis zehn Minuten Ruhe, wird der Übungsaufbau freudig beendet und man geht gemeinsam zurück zum Auto. Gestöbert wird an diesem Tag nicht.

TIPP

Zu überschwängliches Lob für einen Hund, der sich ruhig verhält, ist oft kontraproduktiv. Es kann den Hund auch wieder aufputschen und dessen Standruhe zunichtemachen. Eine positive Ausstrahlung und eine gewisse Gleichgültigkeit sind mitunter deshalb genug des Lobes. Dies hängt jedoch stark vom Energielevel und Erregungszustand des Hundes ab und muss je nach Individuum angepasst werden.

Auch der Durchgeher muss sich in absoluter Ruhe üben, ehe es losgeht.

B STANDSCHNALLER

Das Standruhe-Training für den vom Stand geschnallten Hund beginnt genauso wie die Stöberübungen mit dem Aufrüsten am Auto, dem Gang zum Hochsitz und dem Anleinen des Hundes unten am Sitz auf seiner Decke. Der Hundeführer, ebenfalls in voller Drückjagdausrüstung, erklimmt danach die Jagdeinrichtung und setzt sich, nachdem er sich mit Rucksack und Waffe (Hundeführer) eingerichtet hat.

Verbale Korrektur und Anerkennung

Auch hier wird jetzt für mindestens zehn Minuten Ruhe geübt. Der Hundeführer kann verbal von oben einwirken, sollte der Hund unruhig oder laut werden. Liegt, sitzt oder steht der Lehrling ruhig auf seiner Decke, wird das von oben mit entspannter Gelassenheit belohnt. Wem Belohnung mit Futter wichtig ist, der kann hier bei ruhigem Verhalten des Hundes ab und zu ein Leckerchen von oben auf die Hundedecke fallen lassen, ohne dies aber besonders zu kommentieren.

Bei Bedarf ins Ablegen

Manche Hunde tun sich leichter mit der Standruhe, wenn sie dabei sitzen oder liegen, von daher kann zu Beginn das Kommando „Platz – bleib!“ bei diesen Hunden helfen. Das Kommando muss dann natürlich weiter durchgesetzt werden und der Hund darf es nicht selbstständig aufheben.
Nach der Standruheübung packt der Hundeführer zusammen, steigt vom Sitz und geht freudig mit dem Hund zurück zum Auto. Gestöbert wird in der Anfangsphase des Standruhetrainings nicht am gleichen Tag bzw. nicht in der gleichen Übungseinheit.

ZUSAMMENFÜGEN MIT BISHER GELERNTEM

Hat das Standruheverhalten bei Durchgeher und Standschnaller in dieser Art zwei bis drei Mal gut und ohne größere Korrekturen durch den Hundeführer funktioniert, kann

Eine Decke verdeutlicht dem Hund „seinen“ Wartepatz. Ob er dann exakt auf ihr liegt … na ja.

begonnen werden, die Übungsaufbauten zusammenzusetzen. Das bedeutet, dass auf ruhiges Verhalten beim Warten künftig die Belohnung in Form des Ableinens und des Stöberkommandos folgt. Die Standruhe wird damit Teil des vollständigen Übungsaufbaus. Aber Achtung: Jedes Mal, wenn der Stöberhund keine ausreichende Standruhe zeigt, wird er in der Übung nicht zum Stöbern geschickt! Diese Konsequenz sollte man bei allen Übungseinheiten zum Stöbern nun beibehalten, nur so bekommt man einen ruhigen und passionierten Stöberhund vor der Jagd.

ETAPPENZIEL 5: SCHLÜSSELERLEBNIS BEUTE-MACHEN

Wie beim Lernverhalten des Hundes schon angesprochen, gibt es besondere Erlebnisse (Reize), die der Hund auch ohne Wiederholung mit seinem vorangegangenen Tun verknüpft. Ein solches Erlebnis ist in der Regel das gemeinsame Beute-Machen. Dieses für den jungen Hund in Ausbildung besonders prägende Erlebnis ist der abschließende Baustein und gleichzeitig auch der Schlüssel zu einer abrufbaren Stöberleistung.

Um dieses Erlebnis herbeizuführen, sollten die zuvor geschilderten Etappenziele der Ausbildung erfolgreich erreicht und deren Inhalte gefestigt sein. Danach ist in den meisten Fällen eine Anpassung des Übungsaufbaus erforderlich, um die Aussicht auf Jagderfolg zu erhöhen.

ANGEPASSTER ÜBUNGSAUFBAU: EINBINDUNG MEHRERER SCHÜTZEN

Getreu dem Motto „Übungsaufbauten müssen maximale Kontrollierbarkeit bieten, aber praxisnah sein" werden für das finale Schlüsselerlebnis nun weitere Schützen benötigt. Hier ist es wichtig, erfahrene und praxiserprobte Jagdkolleginnen und Kollegen miteinzubeziehen.
Denn worauf kommt es nun an? Wild, das vom Hund gejagt wird, muss auch tatsächlich zur Strecke kommt. Das heißt, dass die eingesetzten Schützen in der Lage sein sollten, diese Chancen – natürlich unter der Berücksichtigung von Kugelfang und Sicherheit für Hund und Mensch! – auch zu verwerten. Freigegeben werden sollte diesmal nur Schalenwild – Raubwild, Hase und Co. sind kein Ziel der Ausbildung.

POSTIERUNG DER SCHÜTZEN

Bei der Übung zum Durchgeher werden vier bis fünf Schützen (in Warnkleidung) um einen vielversprechenden Dickungskomplex abgestellt und Hundeführer mit Hund durchstreifen gemeinsam in einer vorher überlegten Route diese Fläche.
Der Übungsaufbau zum Standschnaller ist dabei ganz ähnlich, nur nimmt der Hundeführer selbst am Ende einen der Stände ein, von dem aus er der Hund dann schickt. Hat ein Standschnaller in den bisherigen Übungsschritten schon recht weiträumiges Such- und Jagdverhalten von vielleicht 300 bis 500 Metern gezeigt, können in diesem Fall die Drückjagdstände etwas weiter aus-

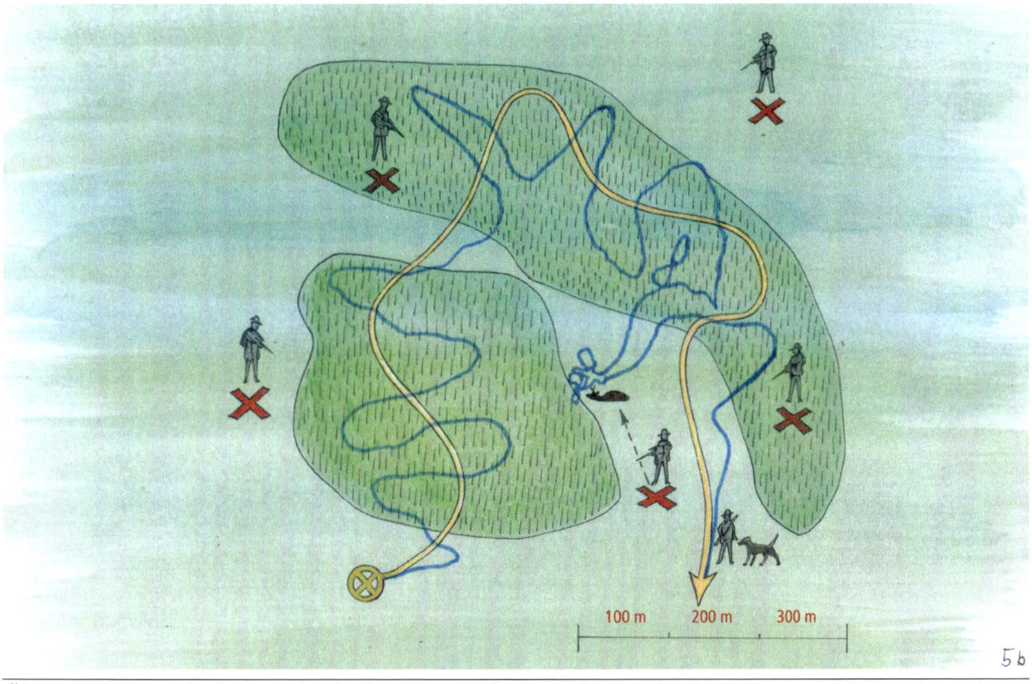

Übungsaufbau Durchgeher: Vier bis fünf Schützen werden in Dickungsnähe platziert. Hundeführer und Hund sollen nun Wild finden und hochmachen. Ziel ist ein Beuteerlebnis für den Hund.

einander liegen, was den Jagderfolg in diesem Fall wahrscheinlicher macht.
Ob Standschnaller oder Durchgeher – in beiden Fällen ist es empfehlenswert, am Anfang gemeinsam mit dem Hund die anderen Schützen zu ihren Ständen zu begleiten. So lernt der junge Stöberhund die Teilnehmer kennen und kann sich auch die räumlichen Gegebenheiten für sein Orientierungsvermögen einprägen.

FLEXIBLER ZEITRAHMEN

Anders als bei einer großen Drückjagd, lässt sich der zeitliche Rahmen der Übung der Arbeit des Hundes anpassen, und die Übung kann via Ad-hoc-Verständigung zwischen den Teilnehmern mittels Handy, z. B. über eine in einem Messenger-Dienst erstellte Gruppe, kurze Anrufe oder Ähnliches beendet, also allen das „Hahn in Ruh" mitgeteilt werden. Ziel in beiden Disziplinen ist es, die vorangegangenen Übungsschritte in einem zusammengefügten Bild anzuwenden und am Ende ein durch einen Schützen erlegtes Stück Schalenwild auf der Strecke zu haben. Was aber geschieht, wenn Letzteres gelungen ist? Beim Umgang mit dieser Situation ist wieder zwischen Durchgehern und Standschnallern zu differenzieren.

A DURCHGEHER

Hat einer der Schützen ein Stück Schalenwild erlegt, das zuvor durch den Durchgeher aufgestöbert und gejagt wurde, so heißt es für den Hundeführer schnell los zum erlegten Stück.
Er wird entweder auf dem Weg dorthin oder direkt am Stück seinen Hund treffen und mit ihm das Erlebnis feiern können. Hier darf getan werden, was dem Hund Freude bringt. In aller Regel ist das das gemeinsame In-Besitz-Nehmen des Stückes. Sowohl verbal als auch körperlich wird nun gelobt und auch mit dem Stück gespielt. Sollte im Stück noch Leben sein, wird es vom Hundeführer im Beisein des Hundes abgefangen.

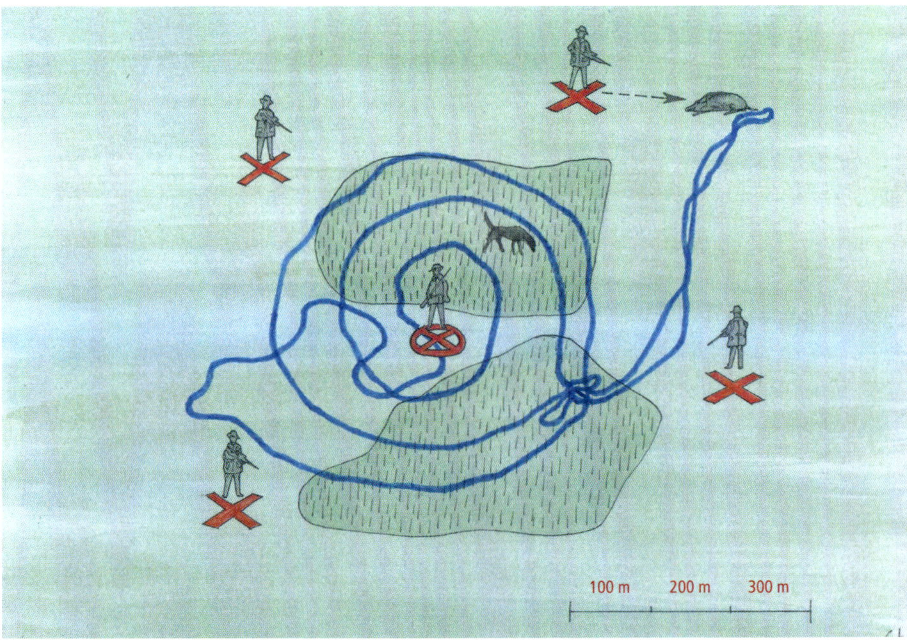

Übungsaufbau Standschnaller: Wieder sind Schützen um die Dickung verteilt. Der Hund soll eigenständig suchen, finden und jagen. Ziel auch hier: die Verknüpfung der Arbeit mit Beute-Machen.

„Abreagieren" erlaubt, Anschneiden verboten!

Je nach Typ und Rasse werden manche Hunde nur verhalten am toten Wild lecken, andere dagegen beherzt in Lauscher, Teller oder Drossel packen und am Stück zerren. All das ist nun zunächst erlaubt. Korrigierend wird allerdings eingegriffen, wenn der Hund in Keulen oder Rücken packt, also Wildbret zerstört, oder Anstalten macht, am Stück zu fressen. Erste Anzeichen dafür sind oft, dass der Vierbeiner mit den Schneidezähne an einer Stelle gezielt Haare auszurupfen. Diese Verhaltensweisen dürfen zu keiner Zeit toleriert werden. Nach diesem Erlebnis können Hundeführer und Hund das Stück noch gemeinsam zum Schützen an den Sitz bergen und dann freudig die Stöberübung beenden und zusammen zum Auto zurücklaufen. Jetzt werden alle Schützen informiert und abgeholt, oder man trifft sich an einem im Vorfeld vereinbarten Treffpunkt.

B STANDSCHNALLER

Hat der vom Stand geschnallte Hund ein Stück Schalenwild gejagt, das durch einen der abgesetzten Schützen zu Strecke kommt, so wird auch hier der Hund bald ans erlegte Stück gelangen. Dabei ist es zunächst egal, ob der Schütze der Hundeführer selbst war oder ein Jagdkollege, wichtig ist für den Hund die Bestätigung seiner Arbeit. Natürlich ist das warme Stück selbst schon eine solche Bestätigung für den jungen Hund, aber zusätzlich sorgen auch lobende Worte vom Schützen aus der Distanz für eine positive Verstärkung.

Schützeneinwirkung bei Anschneidindizien

Wie auch beim Durchgeher ist unbedingt erlaubt, dass der Hund das Stück bewindet, beleckt, in Lauscher, Teller oder Drossel packt und auch mal schüttelt. Anschneiden und ernsthafte Wildbretentwertung sind aber auch hier natürlich tabu: Die Schützen sollten deshalb vorab instruiert sein, um bei konkretem Anschneideverhalten oder Packen und Schütteln an wichtigen Wildbretteilen verbal einzugreifen („Pfui!", „Nein!", „Aus!" o. Ä.).

Sollte ein Vierbeiner zum Anschneiden neigen, muss der Hundeführer sehr früh dagegen steuern.

§ STÖBERÜBUNG – NUR IM RECHTLICHEN RAHMEN! §

Stöberübungen mit mehreren Schützen müssen selbstverständlich zwingend mit dem Jagdausübungsberechtigten – dem Pächter oder in Regiejagden dem zuständigen Förster – abgestimmt werden. Ohne dessen OK geht es nicht! Die Zahl der Teilnehmer sollte zudem unter der gesetzlich definierten Personenzahl für eine offizielle Drückjagd bleiben, da die Übung sonst gegebenenfalls den Nachbarrevieren anzuzeigen ist. Hier gilt in Baden-Württemberg z. B. eine Gesamtanzahl von acht Personen, in anderen Bundesländern liegt die Grenze aber auch deutlich tiefer. Manche Länder differenzieren auch nach Schützen- und Treiberzahl. Informieren Sie sich also in den Landesjagdgesetzen und den einschlägigen Vorschriften hinsichtlich der geltenden Personenzahl für Gesellschaftsjagden und den mit dieser Jagd verbundenen Pflichten.

Rückkehr und Übungsende

Im Optimalfall lässt der Standschnaller nach ein paar Minuten vom erlegten Wild ab und macht sich auf den Weg, eine weitere vielversprechende Fährte zu suchen oder zum Hundeführer zurückzukehren. Sieht der Hundeführer auf seinem Ortungsgerät, dass der Hund auf dem Rückweg ist, darf hier in der Übung auch mal gerufen werden. Seinen Abschluss findet dieser Übungsaufbau normalerweise erst, wenn der erfolgreiche Hund wieder beim Stand des Hundeführers zurück ist.

Gemeinsam gejagt und erlegt– das erste Stück ist ein bedeutendes Schlüsselerlebnis!

Vom Stück in den Bann geschlagen

Es kann passieren, dass das erste Beuteerlebnis den jungen Standschnaller so fesselt, dass dieser nicht von „seinem“ Stück weichen will. In diesen Fällen darf der Hundeführer den Stand verlassen, den Hund freudig am Stück abholen, anleinen und lobend mit ihm zu seinem Stand zurücklaufen, um dort in Ruhe seine Sachen einzupacken, die Übung zu beenden und zum Auto zurückzukehren. Jetzt werden wieder alle Schützen informiert, eingesammelt oder zum Treffpunkt gebeten.

Abfangen nur durch den Hundeführer!

Registriert der Schütze, dass das beschossene Stück noch nicht ganz verendet ist, so muss er umgehend den Hundeführer benachrichtigen. Der kommt dann dazu und fängt das Stück gemeinsam mit dem Hund ab. Im Anschluss wird der Hund überschwänglich gelobt und an der Leine zurück zum Stand des Hundeführers genommen, wo dieser seine restliche Ausrüstung holt und die Jagd mit dem Hund beendet.

WENNS NICHT (GLEICH) KLAPPT?

Das oben geschilderte Erlebnis ist nicht der Normalfall. Es bedarf in der Regel einiger solcher Ministöberjagden, bis das Erfolgserlebnis „Beute“ erzielt ist. Man sollte versuchen, einige dieser Übungseinheiten umzusetzen und das Beuteerlebnis im kleinen Kreis gelingen zu lassen, bevor der Hund auf einer großen Drückjagd zum Einsatz kommt. Im Notfall kann aber auch ein Hund, der alle anderen Etappenziele erfolgreich gemeistert hat und ein gutes Such-, Jagd- und Zurückfinde-Verhalten zeigt, in die erste offizielle Drückjagdsaison starten – vorausgesetzt, er hat den 15. Lebensmonat erreicht (Stichworte: Wachstumsfugen und gefestigtes Wesen).

DER EFFEKT DES BEUTE-MACHENS

A Durchgeher

Das Beuteerlebnis bindet wie kein anderes den Durchgehhund an die gemeinsame Arbeit mit dem Hundeführer. Wer mit seinem Durchgeher ein frisch erlegtes Reh in Besitz genommen oder gar abgefangen hat, der braucht sich um das Kontakthalten des Hundes zu ihm in der Regel keine Gedanken mehr zu machen. Der Hund begreift in dieser Situation: Wo wir im Team jagen, passiert auch die Aktion, also bleibe ich dort.

B Standschnaller

Das Beuteerlebnis ist für den Standschnaller die maximale Bestätigung seines eigenständigen Jagens. Dieses Erlebnis veranlasst Hunde mit „Weitjägerveranlagung", ihre Jagddistanzen etwas einzubremsen und in einem zeitlichen und räumlichen Rahmen zu halten, denn wo keine Jäger mehr, da auch kein Erfolg! Das erleichtert dann auch einen risikoarmen Einsatz solcher Standschnaller auch in den Revieren stark erschlossener Regionen (Straßen!).
Ein Standschnaller registriert, ob das Beuteerlebnis in vergleichsweise kurzer Distanz zum Hundeführer möglich war oder ob er erst sehr weit hat suchen müssen, um Wild zu finden. Standschnaller, die also bei einer aktiven Jagd in der Regel nicht mehr als ein bis zwei Kilometer Distanz zum Hundeführer aufbauen sollen, bevor sie ablassen und zurückkehren, sollten in wildreichen Revieren eingearbeitet werden. Dort ist die Wahrscheinlichkeit, dass in näherer Distanz zum Hundeführer (oder bestenfalls vom Hundeführer selbst) das initiale Beuteerlebnis herbeigeführt wird, hoch, und das führt zur räumlich „engeren" Verknüpfung des Hundes. Hat ein Hund die Erfahrung gemacht, erst im Nachbarrevier Wild zu finden, und kam das Wild dann auch noch dort zur Strecke, so wird er geneigt sein, bei künftigen Jagden relativ rasch große Distanzen zu überbrücken, um weit entfernt erneut ein Erfolgserlebnis zu suchen. Nicht zuletzt ist deshalb eine Solo-Einarbeitung unter kontrollierbaren Bedingungen besonders wichtig.

Gemeinsames Beutemachen schweißt zusammen. Später wird es zur Routine – unter der die Passion nicht leidet!

EINARBEITUNG AN SCHWARZWILD

Um den Junghund gefahrlos und kontrolliert der jagdlichen Praxis anzunähern, wandelt sich die Ausbildung am Wild ab dem fünften Lebensmonat von einer Art Prägephase in die wirkliche Übungsphase. Hier gewinnt die Arbeit am lebenden Wild an Wichtigkeit. Die Übungsschritte sind auch dabei mehrstufig und richten sich nach dem Lernfortschritt des Hundes.

SAUEN – ERNST ZU NEHMENDE GEGNER

Ein normal veranlagter Stöberhund zeigt vom Welpenalter an große Neugier und Interesse an frischen Decken und Schwarten. Aber schon jetzt ist erkennbar, dass die meisten Hunde in diesem Alter vor Sauschwarten erst einmal gehörigen Respekt haben, während Decken vom Reh- oder Rotwild viel selbstverständlicher angenommen werden.

REH = BEUTE, SAU = GEFÄHRLICHER WIDERSACHER

Das hängt mit den angewölften Instinkten zusammen, die den Hund unbewusst vor Gefahren schützen sollen: Schwarzwild bedeutet Gefahr, Rehwild nicht. Ließe man dem Hund von klein auf die Wahl, welche Fährten er ausarbeitet, so würde die Wahl in den meisten Fällen wohl auf die des harmlosen Rehs fallen. Von einem Stöberhund erwarten wir uns aber, dass er zuverlässig an allem Schalenwild jagt.
Mit wachsender Erfahrung verfeinert der Hund zwar seinen Suchstil und sein Können, er muss sich aber grundsätzlich allen seinen Aufgaben stellen, auch wenn er solo unterwegs ist, also selbst die Wahl hat, woran er arbeitet. Deshalb muss ihm die Angst vor Schwarzwild frühestmöglich genommen werden. Das gelingt in schrittweisen Übungsaufbauten. Im späteren Praxiseinsatz wird der Hund dann in der Lage sein, selbstständig am Schwarzwild zu jagen und diese Wildart nicht meiden.

TIPP
Ein Stöberhund, der sauber an Rehwild arbeitet, arbeitet nicht automatisch gut an Schwarzwild. Umgekehrt gilt dagegen: Ein auf Sauen eingearbeiteter Hund arbeitet so gut wie immer an allem Schalenwild.

Diese routinierte und hartnäckige Arbeit am Schwarzwild ist Folge gezielter Einarbeitung.

Was Hänschen nicht lernt, lernt Hans nimmermehr.

ERSTE ÜBUNGEN MIT SCHWARZWILD

VON DER SCHWARTE ZUM ERLEGTEN STÜCK

Wie in den vorigen Kapiteln beschrieben, beginnt die Prägung auf Schwarzwild schon beim Züchter. Den Welpen werden erst Wildteile wie Läufe, Schalen und Schwarten vorgelegt, später wecken wir den Beuteinstinkt mit Schwartenfetzen, Tellern und Läufen an der Reizangel. Wichtig hierbei ist, dass sich der Welpe und Junghund hier mächtig ins Zeug legt, bis er an die Beute kommt. Die darf er dann in Besitz nehmen und wird so für seinen Einsatz belohnt. Daraufhin wird er auch an frisch erlegte Sauen gebracht. Zuerst gehen Hund und Führer vorsichtig zum Stück und begutachten dieses gemeinsam ruhig und mit viel Zeit. Zeigt der Junghund dann nach einigen untersuchten Sauen keine Scheu mehr, wird er animiert, das Stück zu verbellen oder in die Schwarte zu zwicken. Schon jetzt sollte man dem Hund zeigen, wo man die Sau am besten binden kann, nämlich am Teller und nicht an der Flanke oder der Keule. Jedes kleine Mehr an Mut wird ausgiebig und emotional gelobt. So wird der Hund in seinem Tun bestärkt und versteht, worum es geht.

DIE NÄCHSTEN SCHRITTE DER EINARBEITUNG

Nach den genannten ersten Übungen ist beim Hund der Jagdinstinkt mit der Sau verknüpft und er versteht sie als Beute bei der führerbezogenen Jagd. Jetzt gilt es, die Wildschärfe in Verbindung mit jagdaktiven Elementen zu fördern. Zwei sich gegenseitig nicht ausschließende Methoden eignen sich hierfür besonders:

1. das sogenannte Silhouetten-Training mit
   - Schubkarrensau und/oder
   - Pendelsau
2. die Arbeit im Schwarzwildgewöhnungsgatter

SILHOUETTEN-TRAINING

Im Silhouetten-Training arbeitet der Hund an Sauattrappen. Bei der Schubkarrensau wird eine frische Schwarte mit Haupt über ein Schubkarrengestell montiert. Eine Person lenkt die Karre wie eine Marionette bedarfsgerecht Richtung Hund und simuliert ein lebendiges Stück Schwarzwild. Der Hund reagiert mit größtem Interesse auf die Sau, ähnlich wie in einer Realsituation. Die lenkende Person kann Haken schlagen, Ausweichmanöver fahren, Flucht simulieren oder bei scharfer Gegenwehr sogar Attacken vortäuschen. Schüchterne Hunde werden vom Führer angerüdet.

PENDELSAU

Die Pendelsau besteht ebenfalls aus einer frischen Schwarte mit Haupt, die hier auf einem schweren, mit Seilen von einem Ast oder Gestell abgependelten Holz montiert wird. Diese Silhouette kann z. B. im Rande einer Dickung errichtet werden, um einen ein Einstand zu simulieren, in den sich die Sau eingeschoben hat. Hinter dem Pendel versteckt sich eine Person und pendelt die Silhouette vor und zurück.

Ein Übungsaufbau könnte so aussehen: Mit der Schwarte wird eine Schleppe über ca. 30 Meter bis zum Pendel gezogen. Der Hund soll den eingerichteten Anschuss finden und verweisen und wird dann vom Führer geschnallt. Sobald der Hund über die Fährte zur Pendelsau kommt, bewegt sich diese leicht vor und zurück.

Meist erschrecken die Hunde kurz, um das Stück dann zu verbellen und zu stellen. Unternimmt ein mutiger Hund Packversuche, kann die Sau entsprechend vorgestoßen oder es können Abwehrbewegungen simuliert werden. Der Hund lernt dabei, dass Sauen wehrhaft sind und er beim Stellen und Bedrängen konzentriert und umsichtig sein

Ein Baumstamm und eine Schwarte mit Kopf: Fertig ist die Pendelsau selbst.

Die junge Hündin geht bereits mutig an die Pendelsau.

muss. Blindwütiges Verhalten kann hier bereits korrigiert werden. Zögerliche Hunde erhalten verbale Motivation vom Führer und Rückendeckung.
Hunde, die an Silhouetten arbeiten, nehmen diese zwar ernst, sind aber meist weit mutiger, als sie das in diesem Lernstadium am echten Stück wären. Es ist ein gutes Training, um Junghunde auf aktiv agierende Sauen vorzubereiten und deren Mut zu fördern. Aber auch erfahrene Hunde lassen sich zur Unterhaltung immer wieder gern auf ein Silhouettentraining ein.

SCHWARZWILDGATTER

Bereits mit dem Welpen können ganz normale Wildgatter besucht werden, bei denen der Hund durch den Zaun Schwarzwild kennenlernen kann. Ab dem fünften Lebensmonat kann zur Ausbildung ein sogenanntes Schwarzwildgewöhnungsgatter besucht werden. In diesen Gattern wird Schwarzwild artgerecht in großen Anlagen im Wald zur Hundeausbildung gehalten.
In der Regel wird ein Hund nur wenige Male für jeweils einige Minuten ins Ausbildungsgatter müssen und sich nach jedem Besuch in seiner Leistung und seinem Selbstvertrauen steigern. Ist dies nicht der Fall sein, werden die Übungen nach einigen Wochen und je nach Entwicklungsstand des Hundes wiederholt.
Normalerweise staffeln sich die Besuche wie folgt:

SCHRITT 1: DER WELPENKORRIDOR

Ab dem fünften Monat besucht der Hund den sogenannten Welpenkorridor. Dieser entspricht einem langen, schmalen Gehege mit mehreren Sauen darin. Der Hund kommt nicht in direkten Kontakt mit dem Schwarzwild, darf aber hinter dem Zaun erste Stell- und Verfolgungsversuche starten. Gelingt es ihm sogar, die Sauen innerhalb des Korridors in Bewegung zu setzen, ist die Übung bereits erfolgreich gemeistert.
Will das nicht so recht klappen, kann der Führer auch zu den Sauen in den Korridor gehen und sie in Bewegung setzen. Normalerweise macht der Hund von außen dann begeistert mit.

SCHRITT 2: ERSTES TRAININGSGATTER

Nach einigen Wochen, Monaten oder auch Wiederholungen im Welpenkorridor kommt der Hund in ein weitläufiges Trainingsgatter mit waldähnlichen Einständen. In diesem Gatter sind ein oder mehrere handzahme Sauen mit ausgeglichenem Wesen. Der Hund geht mit Führer und Gattermeister Richtung Sauen und wird geschnallt. Normales Verhalten beim ersten Besuch reicht von vorsichtiger Annäherung und Verbellen über Zurückweichen, Suchen der

Führernähe, Ignorieren der Sauen bis hin zum Entzug aus der Situation mit geklemmter Rute.
Idealerweise sucht und findet der junge Hund die Sauen selbstständig und stellt sie laut oder setzt sie in Bewegung. Wenn das noch nicht gelingt, unterstützt der Führer mit freudigem Anrüden. Wichtig ist, dass der noch vorsichtige Hund hier keine negativen Erfahrungen macht, die ihn nachhaltig von der Arbeit an Schwarzwild abhalten! Mitunter reicht schon der leichte Stups einer Sau, um Junghunde zu verprellen. Solche Erfahrungen sind insbesondere bei sensiblen Rassen nur mit viel Arbeit wieder auszukurieren.
Ist der Hund in der Lage, losgelöst vom Führer das gewünschte Verhalten zu zeigen, ist auch diese Übung erfolgreich beendet. Junge Hunde, die bereits in diesem frühen Stadium der Schwarzwildeinarbeitung zu forsch und mit Packversuchen an die Sauen gehen, können in dieser Umgebung vergleichsweise kontrolliert korrigiert werden. Solche Junghunde bringen die Gattersauen mit angepassten Kopfhieben normalerweise schnell auf Abstand und zu gebührendem Respekt. Auch dies ist ein wichtiger Lernerfolg, der diese Stöberhunde später vor schwerwiegenderen Verletzungen bewahren kann.

SCHRITT 3: GRÖSSERES GATTER MIT WEHRHAFTEREN SAUEN

Nach einigen Wochen oder Monaten wird die Übung des Schrittes 2 in einem wesentlich größeren Gatter wiederholt, in dem meist einige rauflustige Überläufer zu finden sind. Hier zeigt sich, ob der Hund genügend Selbstvertrauen, Routine und Wildschärfe entwickelt hat, um sich diesen Schwarzkitteln erfolgreich zu stellen. Zum einen sind die Sauen in dem weiten Areal schwerer zu finden, sodass der Hund sie wirklich finden wollen muss, zum anderen sind sie auch weniger gutmütig als die Artgenossen im Trainingsgatter zuvor. Außerdem soll der Hund hier weitgehend eigenständig handeln, also

01

02

den Kontakt zum Führer aufgeben. Nach erfolgreichem Besuch dieser Übungseinheit ist der Hund erfolgreich an Schwarzwild gewöhnt, kann Sauen bedrängen und deren Wehrhaftigkeit richtig einschätzen und sein Verhalten angepasst steuern. Er kennt Schwarzwild also als respektablen Gegner, meidet es aber nicht.

NICHT ALLE HUNDE SIND GLEICH

Bei der Gewöhnung im Gatter werden die verschiedenen Charaktere der jungen Hunde gut sichtbar. Je nach Entwicklung gibt es große Unterschiede: Ein Jagdterrierrüde mit 7 Monaten wird normalerweise ein wesentlich mutigeres Verhalten zeigen als eine gleichaltrige Brackenhündin. Seinen Hund einschätzen zu können und von der Erfahrung der Gattermeister zu profitieren, sollte aus den meisten Hunden der entsprechenden Rassen in den ersten zwei Jahren einen einsatzfähigen Hund machen.
Wichtig ist, dem Hund die Zeit zu geben, die er benötigt. Hunde, die während der Ausbildung noch zögerlich an Gattersauen

arbeiten, zeigen im realen Einsatz mitunter ein ganz anderes Verhalten. Hat man die Möglichkeit, seinen Junghund im Zuge einer Einarbeitungsjagd einmal gezielt an einer frischen Saufährte anzusetzen, wird man vielleicht verwundert sein, wie zielstrebig diese vom Hund angenommen und gearbeitet wird. Die Arbeit am Schwarzwild im echten Jagdeinsatz wird sich zudem im Laufe der Jahre weiterentwickeln und festigen. Die sichere und erfolgreiche Einarbeitung an Schwarzwild ist vielschichtig und facettenreich und beginnt sehr früh. In jedem Fall hilft immer die Praxis: Gemeinsames Jagen und Beute-Machen sind das Ziel!

01 *Erster Kontakt mit lebendem Schwarzwild als Zaungast. Wie riecht es? Wie hört es sich an?*

02 *Übung in geschütztem Umfeld verleiht Verhaltenssicherheit in der Praxis.*

03 *Der Hund muss lernen, Sauen nicht zu rabiat anzugehen, sonst droht so etwas und Schlimmeres.*

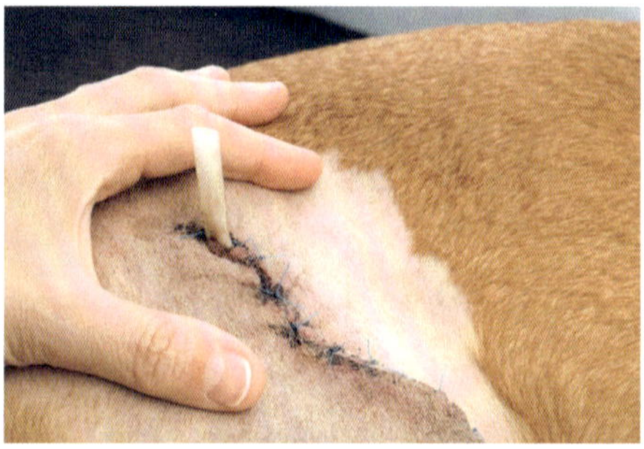

03

SCHWARZWILD-GEWÖHNUNGSGATTER

Tierschutzkonformität

Die Tierärztliche Hochschule Hannover hat durch eine Untersuchung zur Stressbelastung von Schwarzwild und Hunden in Schwarzwildgewöhnungsgattern die Tierschutzkonformität solcher Gatter gutachterlich bestätigt. Sauen reagieren in Gewöhnungsgattern von gelangweilt bis hin zu freudig erregt, wenn ein Hund hinzukommt. Überscharfe Hunde, die Fassversuche unternehmen, werden von den Übungen ausgeschlossen. Aus der Reaktionen der Sauen auf Hunde – „Langeweile" oder gar „Freude" – lassen auch kuriose Situationen entstehen, wie beispielsweise, dass die Schwarzkittel lieber Äpfel vom Gattermeister klauen oder suhlen, anstatt sich vom Hund verbellt durch die Gegend jagen zu lassen.

Begrenzte Praxisnähe

So eine Gelassenheit bedeutet natürlich, dass das Verhalten von Gattersauen nicht vollumfänglich demjenigen von Schwarzwild in der freien Natur entspricht – keine wilde Sau wird sich über die „Abwechslung Hund" freuen. Trotzdem eignen sie sich für die schrittweise Einarbeitung der Hunde, da der Kontakt des Hundes zur Sau unter kontrollierbaren Bedingungen hergestellt werden kann.

AKTIV JAGEN MIT DEM JUNGEN STÖBERHUND

AUSRÜSTUNG

Hat das Gespann das erste Jahr der Einarbeitung gut gemeistert und sucht der Stöberhund nun im entsprechenden Radius um den Hundeführer nach Wild, findet Erfolg versprechende Fährten, arbeitet sie laut, hat im besten Fall Beuteerlebnisse gehabt und kommt in einer angemessenen Zeit zum Hundeführer/der Hundeführerin zurück – dann ist er reif für die „Feuerprobe". Der Einsatz auf einer großen Walddrückjagd kann kommen.
Für die Arbeit mit Stöberhunden gibt es eine Menge „Schnickschnack", mit dem man sich und den Hund aufrüsten kann. Manches davon ist unnötiger Krempel, anderes ein „Nice-to-have", einiges aber wichtiger Teil der Basisausrüstung. Im Folgenden wird nur die wichtige Grundausrüstung vorgestellt, ohne die ein Stöberhund nicht in den Praxiseinsatz gehen sollte.

Die umfangreiche Ausrüstung für Hunde und Führer dient vor allem der Vorsorge.

SCHUTZ DES HUNDES

Bei der aktiven Jagd kann der Hund gegen verschiedene mechanische Einwirkungen und Situationen durch eine angepasste Ausrüstung geschützt werden.

SCHUTZ GEGEN VERLETZUNGEN DURCH WILD

Eine der großen Gefahrenquellen im Hundeeinsatz stellt das Wild selbst und hier vor allem Schwarzwild dar. Die Vorbeugung beginnt in der verantwortungsvollen Ausbildung über das Heranführen an die Wildarten, wie z. B. an Sauen im Schwarzwildgewöhnungsgatter. Trotzdem kommt es immer wieder vor, dass ein Hund wegen unübersichtlicher und bewegungseinschränkender Vegetation oder anderer Umstände einer riskanten Situation nicht mehr ausweichen kann: wenn z. B. gestellte Keiler schlagen, Bachen beißen oder Hirsche oder auch einmal Rehböcke forkeln. Hier helfen Hundeschutzwesten. Der Markt bietet mittlerweile eine Vielzahl unterschiedlicher Modelle an: Über die Beratung durch den Hersteller und Erfahrungswerte anderer Hundeführer muss man hier ein gutes Produkt für den Hund finden.
Empfehlenswert ist, den eigenen Hund nur vom Hersteller selbst für die Maßanfertigung vermessen zu lassen, selbst wenn es eine Anleitung zum Selbst-Vermessen gibt. Zudem sollte die teure Weste auf Maß keinesfalls vor dem zweiten Lebensjahr angefertigt werden, da der Hund sich zuvor noch grundlegend in Form und Größe verändern kann. Hundeschutzwesten können zwar vom Hersteller auch nachträglich leicht angepasst werden, dies aber nur in begrenztem Umfang.

MATERIALAUSWAHL UND -STÄRKE

Große und schwere Hunde bieten auch größere Angriffsflächen und mehr Widerstand gegen Einwirkungen von außen, als dies bei kleinen Hunden geringeren Gewichts der

In solch einer Situation kann eine Stichschutzweste Hundeleben retten!

Fall ist. Leichte Hunde fliegen oft eher durch die Luft, während schwere Hund einen größeren Widerstand darstellen und bei der gleichen Einwirkung wesentliche Verletzungen erleiden können. Für schwere Hund gibt es deshalb steifere Stoffe mit mehreren Schutzlagen, für leichtere Hunde auch leichtere und dünnere Westen.
Oft sind Zusatzelement wie Keulenschutz, Halsschutz usw. wählbar, da die meisten Westen auf Maß gefertigt werden. Auch Modelle aus Kettengeflechten sind im Handel erhältlich. Solche „Kettenhemden" sind schwerer als Westen aus Stoff, aber auch etwas beweglicher.

PRO UND CONTRA ABWÄGEN

Durch Schutzwesten sind die Hunde natürlich etwas weniger wendig und nicht so reaktionsschnell wie ohne Weste. Ausweich-

SCHUTZ GEGEN VERLETZUNGEN DURCH DAS GELÄNDE

Eine häufige, oft unterschätzte Gefahrenquelle für Hunde stellt ihr „Arbeitsplatz Gelände" dar, insbesondere die Vegetation. Nicht immer erkennt der Hund Äste, Abhänge oder Bodenvertiefungen rechtzeitig. Gerade Pfählungen durch Totholz stellen eine ernstzunehmende Gefahr dar. Immer wieder verunglücken Hunde auch an Abbruchkanten von Steilhängen. Weniger gefährlich, jedoch häufiger sind die Verletzungen der Pfoten und der Haut in Brombeerfeldern und Schwarzdorn. Insbesondere gegen Pfählungen und Dornen helfen Stichschutzwesten ebenfalls sowie abriebfeste Signalwesten. Es sollte also Wert daraufgelegt werden, dass die Oberstoffe robust und dauerhaft sind. Dabei sollten diese Westen so sitzen, dass der Hund auch langfristig keine Scheuerstellen entwickelt.

Es müssen nicht immer die rasiermesserscharfen Gewehre eines Keilers sein. Auch an „Arbeitsplätzen" wie diesem würde eine Weste vor Stacheln schützen.

manöver am Wild werden durch diese Punkte erschwert. Außerdem müssen schwere Westen erst auftrainiert werden, damit der Hund konditionell in der Lage ist, das Extragewicht zu tragen.
Es ist also eine Abwägungssache, ob der eigene Hund eine Schutzweste tragen muss, weil er beispielsweise hartnäckig am Schwarzwild jagt. In jedem Fall sollte die Entwicklung des Hundes genau verfolgt werden und bei besonders gefährdeten Kandidaten dann zur Stichschutzweste gegriffen werden. Hier geht Schutz vor maximale Wendigkeit.

SCHUTZ GEGEN VERWECHSLUNG UND UNSICHTBARKEIT

Unsere Hunde sind während der Stöberarbeit mitten im Treiben zwischen Wild, Schützen und mitunter Straßen unterwegs. Eine maximale Erkennbarkeit ist deshalb sehr wichtig. Eine reine Signalhalsung reicht bei schwarzen oder braunen Hunden meist nicht aus, Hunde mit Weißanteilen im Fell sind wesentlich besser sichtbar. Signalwesten gibt es schon als günstige Versionen mit Klettverschlüssen, die jedoch wenig Schutz vor Dornen bieten und schneller verschleißen oder auch mal verloren gehen. Es gibt aber auch Signalwesten, die wesentliche Teile des Hundes bedecken und dadurch auch in begrenztem Umfang vor Ästen und Dornen schützen. In solche Signalwesten können bei manchen Herstellern auch leichte Schutzlagen eingenäht und die Weste so zur „Signalweste Plus" umgearbeitet werden, sodass sie Verletzungen besser verhindern. Ob Signal- oder Schutzweste, immer muss man besonderes Augenmerk auf die Farbe der Westen legen: Farben unterstützen maßgeblich die Erkennbarkeit, werden bei verschiedenem Wetter und je nach Sauberkeitsgrad der Weste aber verschieden wahrgenommen. Gerade Blau ist bei Schnee und Nebel sehr schwer erkennbar, während Orange und Pink bei starker Verschmutzung auch mal im Herbstlaub untergehen können, an-

Ausgerüstet für die erste Drückjagdsaison des Hundes.

Sichtbarkeit ist wichtig! Ohne die Signalfarbe der Weste wäre der Hund kaum zu sehen.

sonsten aber sehr gut zu sehen sind. Gelb ist eine meist gut sichtbare Wahl und sollte zumindest als partieller Reflektorstreifen nicht fehlen. Ohnehin sind mehrere mehrfarbige Westen besser zu sehen als einfarbige. Herstellerseitig können daher meist auch mehrere Farben kombiniert werden.

ORTUNG DES HUNDES

Ein vom Führer gelöster Hund, der selbstständig nach Wild sucht und es verfolgt, gibt die Verbindung zu seinem Zweibeiner auf. Somit kann der Hundeführer weder das Jagdverhalten des Hundes beurteilen noch eventuelle Gefahrensituationen erkennen. Deshalb hat sich die Ortung des Hundes über verschiedene technische Möglichkeiten bewährt. Die Ortung stellt in gewisser Weise eine einseitige, reduzierte Verbindung vom Führer zum Hund dar.
Hundeortung funktioniert heutzutage über Funk oder Mobilfunk. Bei beiden Systemen fragt der Sender über einen Satelliten seine genaue Position ab und sendet sie dann an den Empfänger. Beide Ortungsarten sind technisch ausgereift und einsetzbar. Die individuellen Vorlieben und jagdlichen Einsatzorte sind ausschlaggebend für die Systemwahl.
Die modernen Geräte sind aber längst nicht nur dazu geeignet, um die Position des Hundes zu bestimmen. Dessen Fortbewegung und damit dann sein Arbeiten können z. B. im Fünf-Sekunden-Takt nachvollzogen werden. Damit lässt sich die Entwicklung des Hundes in seiner Ausbildung bewerten. Außerdem können auch die Daten mehrerer

Check: Die Verbindung zwischen Hund und Führer steht.

Hunde überlagert werden, sodass die Leitenden einer Jagd die Flächenabdeckung der Stöberhundearbeit nachzuvollziehen vermögen. Des Weiteren können Durchgehhundeführern im Bestand gefundenes Wild direkt auf der Karte markieren und damit die Wildbergung nach dem Treiben erleichtern oder auch die später gegebenenfalls notwendige Nachsuchenarbeit unterstützen. Die Einsatzmöglichkeiten solcher Geräte sind sehr vielfältig und die Hersteller reagieren regelmäßig mit erweiterten Funktionen auf die Bedürfnisse.

SENDER UND EMPFÄNGER

Wie oben dargestellt, funktioniert Hundeortung grundsätzlich über gesendete und empfangene Signale. Den Sender trägt der Hund meist in Form eines Senderhalsbandes oder eines separaten Geräts, das er am Halsband oder in einer Tasche der Schutzweste mit sich trägt. Der Empfänger des Hundeführers ist ein eigenständiges Handheld bzw. Empfangsgerät oder alternativ via App ins Smartphone integriert. Der Übertragung der vom Sender per Satellit abgerufenen eigenen Position zum Gerät des Führers erfolgt dann entweder über das Mobilfunknetz oder Funk.

WIE FUNKTIONIERT MOBILFUNK?

Ein Mobilfunk-Empfangsgerät benötigt zur Funktion grundsätzlich eine Infrastruktur wie eine einen Funkmast. Gibt es in einem gewissen Umkreis keine solche Infrastruktur, funktioniert die Übertragung nicht. Beim Handyempfang wäre dieser Fall das klassische „Funkloch“. Bei gegebener Infrastruktur funktioniert die Übertragung über unbegrenzte Entfernungen und auch über Täler und Berge hinweg.
Das Mobilfunknetz ist in Europa unterschiedlich gut ausgebaut. In Ländern wie Finnland, dessen Netzausbaustand hervorragend ist, wird bei der Hundeortung daher verstärkt auf Mobilfunknetzüberragung gesetzt. In Deutschland, wo das Mobilfunknetz regelmäßig Lücken aufweist, sollten bei der Übertragungswahl die lokalen Gegebenheiten beachtet werden.

WIE FUNKTIONIERT FUNK?

Beim Empfang über Funk wird eine direkte Verbindung zwischen Sender und Empfänger hergestellt. Deshalb ist die Reichweite hier begrenzt und auf eine Maximaldistanz zwischen Sender und Empfänger von zehn Kilometern begrenzt. Topografische Besonderheiten wie hohe Berge zwischen den Geräten können diese Distanz auch verkürzen. Infolge der hohen Funkfrequenzen funktioniert diese Übertragungsart dafür auch in ländlichen Gebieten ohne Handynetz und in dicht bewachsenem Gelände wie Wäldern. Die Funkübertragung gilt als sehr zuverlässig und bricht bei normalen Distanzen zwischen Hund und Führer nur sehr selten ab.

GERÄTE ZUR ORTUNG ÜBER MOBILFUNK

Mobilfunksender gibt es mittlerweile schon kleinste Sender, die am Hundehalsband oder an der Signalweste befestigt werden. Diese kleinen Sender sind sehr günstig in der Anschaffung und gehen mit einem Abonnement einher, in dem in regelmäßigen Abständen für die Nutzung bezahlt werden muss. Akkulaufzeit und Zuverlässigkeit sind meist nicht besonders hoch. Viele Hundeführer nutzen sie aber als „Back-up“ für den Fall, dass z. B. ein Funksystem ausfällt.
Höherwertige Systeme sind wesentlich teurer und funktionieren ebenfalls mit einem kostenpflichtigen Abonnement, weisen aber sehr gute Akkulaufzeiten und starke Sendesignale auf. Im Regelfall ist der Empfänger das Smartphone des Hundeführers, auf dem eine App installiert wird. Die Apps beinhalten Kartenmaterial und umfangreiche Funktionen zur Positionsbestimmung sowie Möglichkeiten zur Auswertung und Speicherung von Sendedaten.

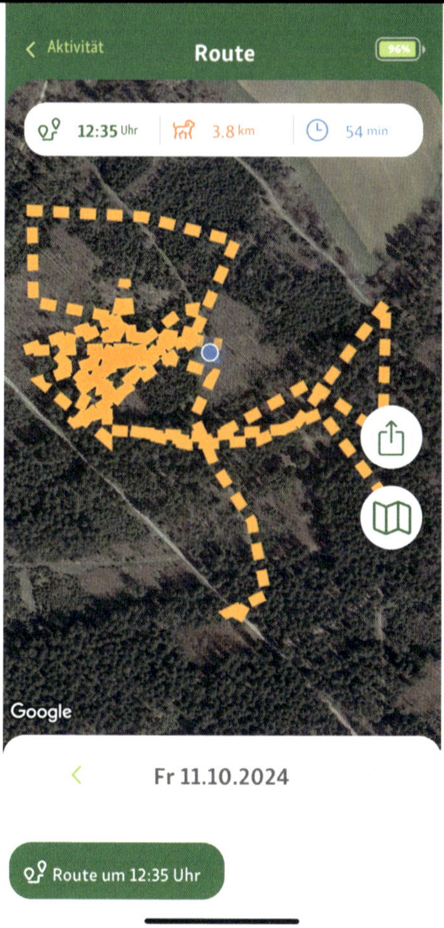

Die grobe Darstellung der Laufwege in der App des einfachen mobilfunkbasierten Trackers

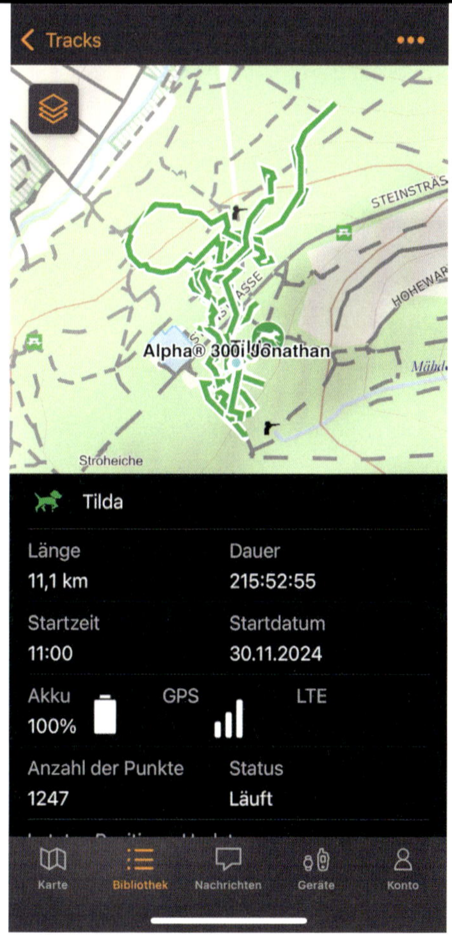

Auch funkbasierte Systeme übertragen und hinterlegen erste ausgewertete Daten in Apps.

GERÄTE ZUR ORTUNG ÜBER FUNK

Funksysteme benötigen Sender (Halsband) und einen eigenen Empfänger (Handgeräte). Beides muss zusammen erworben werden. Diese Systeme sind in der Anschaffung am teuersten, kommen mittlerweile aber ohne kostenpflichtige Abonnements aus. Das Empfängerhandgerät verfügt über umfangreiche Funktionen. Die Akkulaufzeiten sind so hoch, dass die Geräte über mehrere Jagden hinweg nicht geladen werden müssen und so einen Puffer für problematische Situationen wie langem Suchen, nach einem Hund besitzen.

Unterschiedliches Kartenmaterial kann auf die Geräte geladen werden, Routen können abgespeichert, Hundeprofile angelegt und persönliche Daten eingespeist werden. Außer-

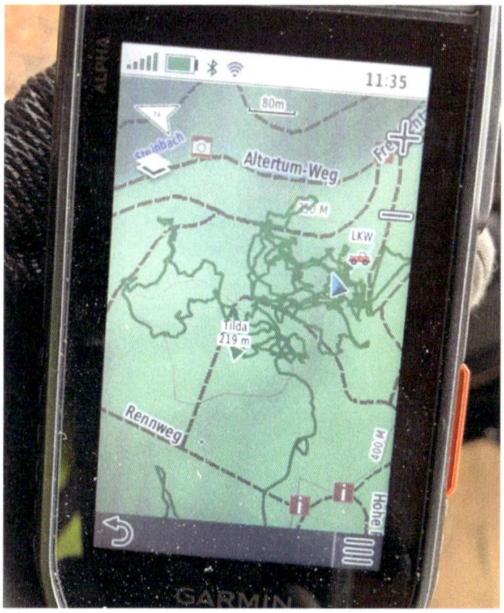

Präzise Darstellung in Echtzeit auf dem Handgerät des funkgesteuerten Ortungssystems

dem lassen sich auch mehrere Hunde parallel orten. Um die Funkverbindungen über größere Distanzen und/oder in schwierigem Gelände zu halten, stehen größere Antennen zu Verfügung, die am Handgerät befestigt oder als Autoantennen mit dem Empfänger gekoppelt werden können.
Eine neuere Entwicklung erlaubt, mithilfe einer App auch Funksysteme zusätzlich über das Smartphone nutzen zu können. Die Sendedaten werden dabei je nach Mobilfunknetz zusätzlich zum Funk auch auf die App übertragen und können dort in Echtzeit eingesehen werden. Rudimentäre Daten wie Entfernung und Richtung zum Hund lassen sich zudem auf Smartwatches übertragen und sind damit insbesondere für durchgehende Hundeführer eine sehr praktische Möglichkeit der Hundeortung.

WER SICHER GEHEN WILL, NUTZT BEIDES

Wer ein besonderes Sicherheitsbedürfnis hat oder regelmäßig in Revieren ohne Handynetz und mit starker Reliefenergie jagt, der kann über die Nutzung beider Ortungsansätze mehr Abdeckung erzielen und muss sich dann weniger mit „Ortungsausfällen" plagen. In diesen Fällen tragen die Hunde meist einen kleinen und günstigeren „Tracker" zur Ortung über das Mobilfunknetz und zusätzlich ein Ortungshalsband zur Ortung über Funk.

NACH DER JAGD

Wenn der Hund nach der Jagd wieder am Fahrzeug ist, gilt ihm unsere ganze Aufmerksamkeit. Immerhin geht ein Stöberhund in zwei bis drei Stunden der lauten Jagd körperlich an seine Grenzen, sodass es etwas besonderer Pflege zum Erhalt seiner Gesundheit bedarf. Nachdem Halsung, Weste und Sender abgelegt sind, wird er mit einem Handtuch gründlich abgerieben und dabei auf eventuelle Verletzungen hin untersucht. Einfache Blessuren (Dornen, Kratzer, leichte Schürfwunden) werden direkt versorgt, mit größeren Verletzungen geht man sofort zum Tierarzt.
Dem Hund wird dann Wasser und Futter angeboten, im Anschluss ein wärmendes Mäntelchen aus weichem (z. B. Fleece-)Stoff angezogen oder eine Decke bereitgelegt. So kühlt er im kalten Auto nicht aus, entwickelt nachweislich weniger Muskelkater und kann sich von den Strapazen erholen, während Jägerinnen und Jäger noch Wild versorgen und zum Schüsseltreiben gehen.

TIPP
Ein Erste-Hilfe-Set für Hunde im Jagdrucksack oder Auto ist für jeden Stöberhundeführer ein Muss! Und nicht nur das: Die professionelle Unterweisung in der Ersten Hilfe für Jagdhunde sowie ein regelmäßiges Auffrischen des Wissens und Fortbildungen zu diesem Thema gehören ebenfalls dazu!

Nach der Jagd: Dem Hund wird die Weste abgenommen und er wird auf Blessuren untersucht.

FINALE EINARBEITUNG – DRÜCKJAGDSAISON NR. 1

Wenn das im kontrollierten praxisnahen Übungsaufbau Erlernte nun auf einer Drückjagd angewendet werden soll, sind die Erwartungen meist hoch und die Aufregung groß. Gerade Erstlings-Hundeführerinnen und -führer sind besonders gespannt auf die Leistung ihres Vierbeiners und versprechen sich viel von dem „Ernstfall". Umso größer kann die Enttäuschung ausfallen, wenn der eingearbeitete Hund auf der ersten großen Jagd nicht das gewünschte Verhalten zeigt.

VERÄNDERTE REIZLAGE

Als Hundeführer, egal ob von Durchgeher oder Standschnaller, sollte man sich bewusst machen, welche neuen Herausforderungen und Reize mit einer großen Walddrückjagd für den Stöberhund verbunden sind: andere teils sehr aufgeregte Hunde, viele neue Menschen, der überwältigende Geruch nach beunruhigtem Wild in der Luft, ein unbekanntes Waldgebiet, ein aufgeregter Hundeführer. All das ist nicht für jeden jungen Hund einfach zu verarbeiten und kann zu Übersprungshandlungen und neuen Verhaltensweisen führen. Aber jetzt ist es genau der richtige Zeitpunkt, den Hund mit diesen Reizen zu konfrontieren, denn: Alles, was er zuvor hat lernen müssen, kann er ja bereits.

SICHERHEIT AUSSTRAHLEN UND ROUTINEN BEIBEHALTEN

Wir als Hundeführer müssen für den Hund in dieser neuen Situation so routiniert und so verlässlich wie möglich erscheinen. Das bedeutet, dass erlernte Signale und Vorgehensweisen am besten in der gleichen Form wie zuvor im Übungsaufbau praktiziert und neue Situationen gemeinsam mit dem Hund bearbeitet werden. Unsicherheiten des Hundes können dabei entweder ignoriert werden oder man motiviert ihn positiv verstärkend zur richtigen Reaktion auf einen neuen Reiz.

Auch im echten Jagdbetrieb gelten Signale. Das verleiht Sicherheit und erleichtert das Abrufen von Leistung.

MANÖVERKRITIK NACH DER JAGD

Die Erfahrungen lehren, dass aus dem echten Praxisbetrieb besonders viel gelernt werden kann, wenn nach jedem Einsatz die Leistung des Stöberhundes ausgewertet und „Baustellen" für die nächste Lerneinheit des Vierbeiners identifiziert werden. Hier helfen die Aufzeichnungen des Ortungsgerätes, aber auch Beobachtungen von Nachbarschützen. Steht man nach der Jagd noch beisammen, kann diese Zeit beispielsweise genutzt werden, um folgende Dinge bei den Jagdkollegen zu erfragen:
Wer hat den Stöberhund vom Stand aus gesehen? Was hat der Hund zu diesem Zeitpunkt gemacht? Hat er nachweislich laut eine Wildfährte verfolgt? Wenn ja, welche Wildart? Hat er nachweislich eine frische Wildfährte „übersehen", beispielsweise von Schwarzwild? (Dies könnte bei erneuter Bestätigung auf einer Folgejagd auf ein Meideverhalten hindeuten, das dann gezielt am Schwarzwild nochmal bearbeitet werden muss.) Wie verhält sich der Hund an erlegtem Wild? Wie hat er sich gegenüber Schützen, Treibern oder auch anderen Hunden verhalten?

PASSENDE RÜCKSCHLÜSSE UND REAKTIONEN

Die erfragten Informationen lassen Rückschlüsse auf Optimierungsbedarf oder zufriedenstellende Leistungen zu, die dann in den nächsten Einsatz mitgenommen werden können. Bei Problempunkten muss je nach Art und Schwere auch entschieden werden, ob passende Reaktionen oder Ausbildungsergänzungen zu folgen haben. Dies könnte beispielsweise bedeuten, bei beobachtetem Anschneideverhalten bei der nächsten Jagd die Nachbarschützen zu bitten, vom Stand aus deutlich mit „Pfui" auf den Hund einzuwirken, wenn er sich an einem erlegten Stück „vergreifen" will.

> **TIPP**
> Es ist ratsam, die Jagdleitung über einen Hund in Ausbildung zu informieren. Das Verständnis für eine noch nicht optimale Stöberleistung ist dann oft groß und der Druck auf Hund und Hundeführer geringer.

NEUE HERAUSFORDERUNGEN MEISTERN

DURCHGEHER ZU WEIT, STANDSCHNALLER BLEIBT FERN

Gern kommt es in den ersten großen Drückjagden vor, dass der junge Stöberhund am Ende der Jagd noch nicht beim Hundeführer zurück ist oder sich fernab von jeder Treibergruppe allein „verjagt" hat. Das ist kein Grund für Frustration, sondern kann bei reizaffinen Hunden und Rassen besonders in den Anfängen vorkommen. Die Reizüberflutung führt dazu, dass erlernte Muster nicht abgerufen werden können, und der Hund sich voll und ganz dem Jagdtrieb hingibt. Normalerweise reguliert sich dies beim Standschnaller, sobald der erste erfolgreiche Schuss in Hundeführernähe fällt und der Hund dazu dieses Stück gejagt hat. Beim Durchgeher reguliert sich dies in der Regel, sobald die erste richtige Aktion in Nähe der Treibergruppe passiert: Festliegende Sauen werden z. B. gemeinsam gesprengt oder ein Reh kurz angejagt, das beim nächsten Schützen gleich erlegt werden kann. Wichtig ist auch hier, erlernte Signale und Routinen weiter zu pflegen, den Hund beim Durchgehen verbal zu motivieren und beim Zurückkommen immer zu belohnen.

DER HUND LÖST SICH NICHT

Der junge Stöberhund wird zur ersten großen Drückjagd geschnallt und löst sich nicht

Standverteidiger können symbolträchtig angeleint werden. So wird Ruhe in angespannte Situationen gebracht.

vom Stand oder klebt am Fuß des durchgehenden Hundeführers. Auch wenn man sich dieses Verhalten bei normalen Gassigängen herbeisehnt, so kann es in den jagdlichen Situationen zu großem Frust führen. Der Hund verweigert die Jagd und harrt einfach unterm Stand aus, den er dadurch vermutlich auch noch wildfrei hält. Gründe dafür können verschieden sein, unterm Strich sind die Ursachen wahrscheinlich eine Überforderung durch die neue Situation und Unsicherheit, oder auch eine schlechte Erfahrung auf der vorangegangenen Drückjagd.

In diesem Beispiel wäre ein Lösungsansatz, den Stöberverweigerer anzuleinen, ihn also in seiner Freiheit einzuschränken und nach 30 Minuten einen erneuten Schick-Versuch mit viel Motivation zu unternehmen. Sollte dies auch nicht fruchten, so wird er ohne zu maßregeln bis zum Ende der Jagd angeleint (nach Möglichkeit Mantel anziehen oder Decke bereitlegen). Bei der nächsten Jagd wird es vorurteilsfrei und positiv erneut probiert. Gleiches gilt für den Durchgeher: Auch ihn kann man einige Zeit angeleint mitnehmen, dann vor einer besonders vielversprechenden duftenden Dickung erneut schnallen und zum Hineingehen motivieren.

DER HUND VERTEIDIGT STAND ODER HUNDEFÜHRER

Meint der junge Stöberhund im echten Einsatz, den Stand des Schützen oder den durchgehenden Hundeführer gegenüber Treibern und anderen Hunden verteidigen zu müssen, so ist hier auf jeden Fall einzuschreiten. Zum einen sollte dies verbal geschehen („Nein!", „Pfui" o. Ä.), zum anderen sollte der Hundeführer dem Vierbeiner dann auch durch räumliche Einschränkung zeigen, dass sein Verhalten unerwünscht ist. Den Standschnaller kann man beispielsweise zu sich herrufen und erneut für ein paar Minuten ablegen, den Durchgeher sollte man räumlich begrenzen, in dem sich der Hundeführer vor ihn stellt, vielleicht sogar etwas zurückdrängt.

Zusätzlich können Personen im Trieb positiv belegt werden, indem man ihnen beispielsweise, natürlich nach vorheriger Information, ein paar Futterstückchen mitgibt. Diese können sie dem Hund dann auch anbieten, wenn er sie nicht verbellt, sondern freundlich ist. Ein solches Vorgehen lässt sich allerdings besser im Rahmen kleiner Drückjagden im Bekanntenkreis durchführen, da die Treiber dort dann auch dem Hundeführer bekannt sind, und man sich gut mit ihnen abstimmen kann.

Nicht gleich verzweifeln, wenn es mal schlecht läuft: Hündinnen z. B. können hormonell bedingte auch mal in ein vorübergehendes Leistungstief geraten.

ERSTE SAISON NUTZEN UND AUSREISSER HINNEHMEN

Auf diese Art und Weise sollte die erste Drückjagdsaison dazu genutzt werden, im Jagdeinsatz gemeinsam als Team zu wachsen und immer wieder auch zu reflektieren. Negative einzelne Ausreißer sollten dabei hingenommen werden, solange es sich um einmalige Situationen handelt und beim nächsten Einsatz wieder alles „normal" läuft. Solche Ausreißer können unter Umständen auch Nachwirkungen von erst kurz zurückliegender Impfungen oder Wurmkuren sein oder, vor allem bei Hündinnen, in Zusammenhang mit hormonellen Schwankungen stehen.

Halten sich unerwünschte Verhaltensweisen aber über zwei oder mehr Drückjagden, so muss sich der Hundeführer auf Basis der in diesem Buch geschilderten Grundlagen eine passende Reaktion oder Übung erdenken. Hierzu kann das Kapitel „Troubleshooting" (S. 160) weitere Hilfestellung bieten.
In jedem Fall wird die Saison eine spannende, aufschlussreiche Zeit in der Praxis für Mensch und Hund. Eines ist sicher: Es wird eine lehrreiche und überraschende Zeit sein. Denn unsere Vierbeiner überraschen uns nicht nur mit herausfordernden neuen „Marotten", sondern auch mit unvorhergesehenen Glanzleistungen und Stärken im echten Jagdbetrieb.

DRÜCKJAGD – DURCHGEHER PLUS STANDSCHNALLER

Gut durchdachte sowie effiziente Drückjagden im Wald, wie sie beispielsweise bei den großen staatlichen, kommunalen oder privaten Forstbetrieben durchgeführt werden, sind wichtiger Bestandteil eines zeitgemäßen Schalenwildmanagements in Wald und Feld.
Eine verlässliche Leistung von Stöberhunden – egal ob Standschnaller oder Durchgeher – ist für die Jagdleitung dabei wichtig, denn nur so kann sie Hunde und Schützen passend zu den Reviergegebenheiten einsetzen und die Jagd erfolgreich gestalten.
In diesen Fällen werden Suchradien, Jagddistanzen zum Hundeführer und Dauer des Jagens auf einer Wildfährte gezielt mitbedacht und die Hunde entsprechend ihrer Fähigkeiten eingesetzt.

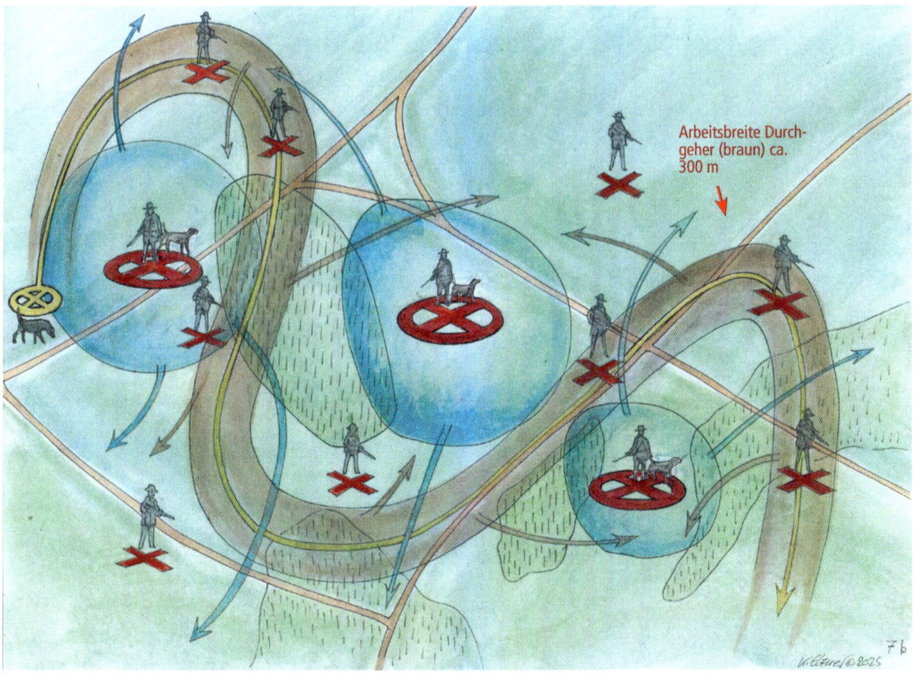

Bei passendem Einsatz von Durchgehern in der Treibergruppe und Standschnallern wird Wild flächig in Bewegung gehalten. Vor den fährtenlauten Hunden kommt das Wild den Schützen nicht zu schnell. Durchgeher und Standschnaller „spielen einander die Bälle (Wild) zu“.

HOCHMACHEN UND IN BEWEGUNG HALTEN

Wie in der Skizze auf S. 135 zu sehen, braucht es beide Stöberdisziplinen für ein solches Jagdkonzept. Während die kurz jagenden Durchgeher das liegende oder verharrende Wild erst auf die Läufe und aus den Dickungen bringen, sind die weiträumiger suchenden und jagenden Standschnaller dazu da, dass Wild auf den Läufen zu halten und den Fährten mit größerer Hartnäckigkeit länger zu folgen. Um in dickungsreichen Waldgebieten ein optimales Jagdergebnis erzielen zu können, braucht es also sowohl Standschnaller als auch Durchgeher, die an passenden Orten im Revier platziert werden bzw. das Treiben auf gut geplanten Routen durchstreifen. Bei der Platzierung und Routenplanung sind sowohl Dickungsnähe als auch Wildwechsel zu berücksichtigen.

TIPP

Ein Standschnaller mit einem Suchradius von 300 Metern um den Hundeführer arbeitet während einer Drückjagd die bemerkenswerte Fläche von knapp 30 Hektar durch. Durchgeher kommen auf eine ähnlich große Fläche.

PLATZIERUNG DER SCHÜTZEN UND HUNDE

Drückjagdeinrichtungen für die Standschützen werden sinnvollerweise an Wildwechseln und an Lichtbrücken – von Hell zu Dunkel – platziert, die das Wild bei Beunruhigung erfahrungsgemäß gern nutzt. Versierte Jagdleiterinnen und -leiter setzen Standschnaller mit entsprechend großen Jagdradien auch in ausreichender Entfer-

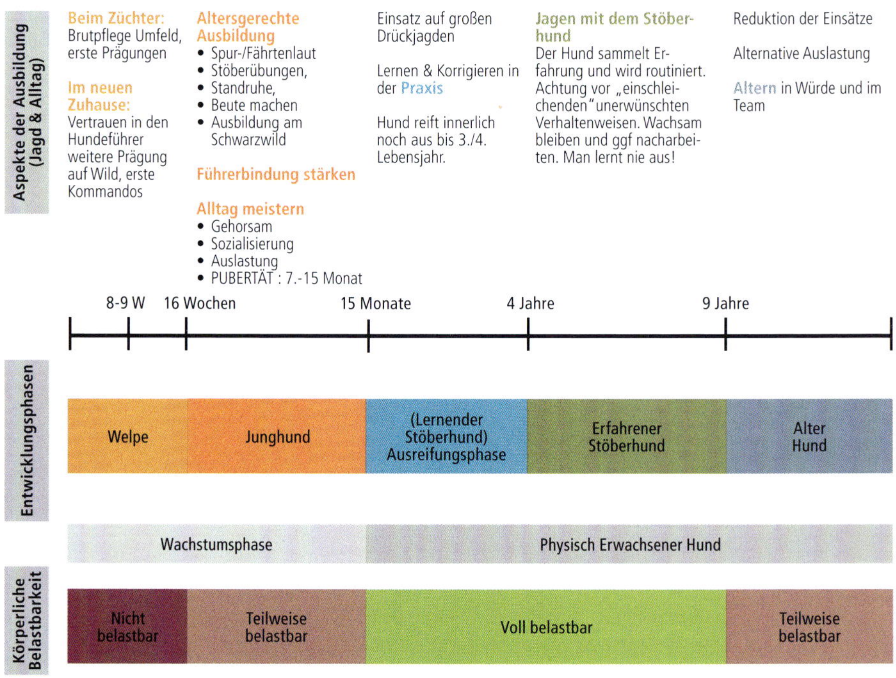

Das Leben eines Stöberhundes gliedert sich in Phasen des Lernens, der vollen Leistungsfähigkeit und nachlassender Belastbarkeit.

Checkliste

JAGDVORBEREITUNG FÜR HUNDEFÜHRER

Tag vor der Drückjagd
- ☐ Hundeortung und Handy voll aufgeladen und bereitgelegt?
- ☐ Signal oder Schutzweste
- ☐ Hundemantel und Handtuch
- ☐ Futter und Wasser
- ☐ Liegeunterlage (unter dem Sitz)
- ☐ Erste-Hilfe-Kit Jagdhund
- ☐ Kalte Waffe zum Abfangen

Am Drückjagdtag
- ☐ Wer hat tierärztlichen Notdienst? – Nummer einspeichern!
- ☐ Wer hat Notdienst für Menschen? – Nummer einspeichern, im Notfall 110, 112
- ☐ Wer ist Jagdleitung und muss in Sondersituationen informiert werden? – Nummer einspeichern!
- ☐ Wo ist der meinem Drückjagdstand oder meinem Startpunkt als Durchgeher nächstgelegene Rettungspunkt?
- ☐ Wo steht mein Auto? – Standort im Handy und/oder auf Hundeortung speichern.

Zwischen den Jagd-Saisons
- ☐ Besteht Reparaturbedarf (Weste, Hundeortung, eigene Durchgehkleidung)?
- ☐ Erste-Hilfe-Kit gegebenenfalls auffüllen
- ☐ Beschaffungsbedarf vor der nächsten Saison?
- ☐ Rechtzeitig Konditionsaufbau mit dem Hund betreiben.

nung zu Straßen oder sonstigen Gefahrenquellen ein und zuverlässige Durchgeher etwas näher an solchen Bereichen. Wo Gefahrenquellen zu nah oder zu unkalkulierbar sind, setzen sie überhaupt keine Hunde, sondern nur Treiber ein.
Wer am Jagdtag das Gefühlt hat, mit seinem Hund zu nah an einer Gefahrenquelle eingesetzt zu sein, sollte den nötigen Mut aufbringen, dies offen anzusprechen und den Hund gegebenenfalls lieber im Auto zu lassen.

NACHARBEIT DER DRÜCKJAGD-KONZEPTION

Nach der Drückjagd ist vor der Drückjagd, weshalb Jagdleitungen gern nach den Aufzeichnungen der Hundeortungsgeräte fragen und auf diese dann auf Waldkarten auswerten. Die Such- und Jagdrouten der Hunde werden dabei mit Erlegungsmeldungen sowie Nachsuchen abgeglichen und geben überdies wertvolle Rückschlüsse auf das Bewegungsverhalten und die Einstände des Wildes.
Somit können die Standorte der Drückjagdeinrichtungen, Treiberrouten und Hundeeinsätze im Folgejahr optimiert werden.
Auch die Leistungen der Stöberhunde können erfahrene Jagdleitungen damit bewerten. Wer gute Leistung im vorher erfragten Rahmen zeigt, ist gern gesehener Gast auf der nächsten Jagd.

EXKURS: JAGEN MIT KLEINMEUTEN

Die Jagd mit der Hundekleinmeute, wie wir sie heute verstehen, soll hier nur ein kurzer Exkurs der Vollständigkeit halber sein. Sie wird auch nicht abschließend behandelt, sondern als Sonderform nur schlaglichtartig beleuchtet. Denn die Arbeit und Ausbildung mit der Meute ist eine andere als die in diesem Buch dargestellte Ausbildung solo jagender Stöberhunde.
Wie im ersten Kapitel beschrieben, ist der

Durch die Aufforstungen nach den Reparationshieben entstanden in weiten Teilen Deutschlands dichte Einstände fürs Wild.

Einsatz von Hundemeuten eine sehr alte Form des Jagens mit Hunden. In den letzten Jahrhunderten handelte es sich dabei noch um eine sportlich-gesellschaftliche Veranstaltung mit auf Sicht jagenden Hundemeuten, denen eine Reitschar folgte. Das Verständnis von tierschutzgerechter Jagdausübung änderte sich dann bis zum 20. Jahrhundert, sodass diese Art des Hetzens von Wild durch das erste Bundesjagdgesetz im Jahr 1953 in Deutschland endgültig verboten wurde.

NACH DEM ZWEITEN WELTKRIEG

In den nach dem Zweiten Weltkrieg neu entstehenden großen Dickungskomplexen, in denen sich besonders Schwarzwild hartnäckig drückte, konnten Treiber mit Teckeln oder einzelnen Terriern die Sauen nicht mehr in Bewegung bringen. Erfolg und die Effizienz standen jedoch im Mittelpunkt der Bejagung, um landwirtschaftlichen Schäden entgegenzuwirken. Zugleich war eine große Neuerung die Erkenntnis, dass Schwarzwildrotten gesprengt, ihre Gruppenverbände also durch die Hunde aufgelöst werden müssen, damit möglichst viele abgestellte Schützen einzelne Stücke anwechseln, was den Jagderfolg maßgeblich steigen ließ.

Man setzte daraufhin mehrere Hunde mit festen Aufgaben ein, welche die Sauen aus dem Einstand zu drücken vermochten. Diese Strategie hat sich bis heute wenig verändert und ist gerade beim heutigen Waldumbau mit großen Verjüngungsflächen und z. T. flächigem Brombeerbewuchs von großer Wichtigkeit. Deshalb kommen je nach Jagdrevier und Jagdleitung auf Drückjagden zu strategisch sinnvoll eingesetzten Standschnallern und Durchgehern auch erfolgreich Hundemeuten unter erschwerten Bedingungen zum Einsatz. Die eingesetzten Hunde sollen mit Druck vorwiegend am Schwarzwild jagen und von anderem Wild nach kurzem Anjagen ablassen.

AUFGABENVERTEILUNG

Meutehunde jagen um einen oder mehrere Meuteführer herum, deren Aufgabe das Lenken und Unterstützen der Hunde und nicht das Hochmachen des Wildes ist. Der große Unterschied zu den zuvor beschriebenen Solo-Durchgehern ist, dass um die Meuteführer eine Gruppe von interagierenden Hunden mit individuellen Eigenschaften jagt, die sich untereinander ergänzen und die Arbeit strategisch aufteilen. Normalerweise gibt es hier Hunde mit folgenden Eigenschaften:

Der Saufinder

Diese fährtenlauten Kopfhunde, also Hunde, die von der Meute als Führer anerkannt sind, suchen eigenständig nach Wild und führen damit die anderen Hunde zur frischen Fährte oder der sich drückenden Rotte. Meist handelt es sich hierbei um kräftige Bracken und große Vorstehhunde, vereinzelt kommen auch nordische Hunde wie Laiki zum Einsatz.

Die Sausprenger

Die Sprenger folgen den Findern und stoßen mit ihnen zu den Schwarzwildrotten. Prädestiniert sind hierfür besonders kleine und wildscharfe Terrier, die so viel Druck aufzubauen vermögen, dass die Rotten gesprengt werden und nicht im Verband flüchten. Sprenger sind auch in der Lage, Einstände gründlich abzusuchen und Wild laut anzuzeigen. Gerade kleinere Hunde wie Dachsbracken und Terrier tun sich in der dichten Vegetation leichter als hochläufige Hunde. Teckel sind hier hingegen eher ungeeignet und in den dicht bewachsenen Einständen den wehrhaften Sauen zu stark unterlegen.

Die Saupacker

Die Packer sind auch heute noch kräftige und wildscharfe Hunde, die die Physis besitzen, mindestens kurzzeitig verletztes Wild zuverlässig zu binden. Oft sind es, ähnlich wie beim Finder, kräftige Bracken wie Brandlbracken, oder wildscharfe Vorsteher wie der große Münsterländer, die Wild sehr gezielt binden. Kurz darauf werden sie dann von den Sprengern unterstützt, bis der Meuteführer das gebundene Stück abfangen kann. Das richtige Packen und Binden, also die Herbeiführung der Immobilität des Stückes, ist die Lebensversicherung der anderen Hunde und des Führers bis zum Abfangen. Richtiges Packen ist angewölft und kann nur schwer antrainiert werden. Jagdhunde wissen je nach Wildart sehr genau, wo und wie diese zu binden oder abzutun ist, dieser genetische Instinkt wird von erlernter Er-

Meutejagden mit Saufindern sowie -packern und Beihunden haben eine lange Tradition – ein Werk von Johann Elias Ridinger.

Meuten werden anders eingejagt als solo jagende Stöberhunde.

fahrung unterstützt. Andere Gebrauchsrassen wie Schutz- oder Hütehunde, tun dies nicht intuitiv und gefährden sich damit häufiger selbst.

Die Beihunde

Die führerbezogenen Beihunde bleiben immer im engeren Umkreis des Meuteführers. Sie können von ihm gezielt in Situationen hineingeschickt werden oder stehen ihm bei Wildkontakt zur Seite. Hier gibt es keinen besonderen Rassefokus, aber die Hunde müssen ausgesprochen führerbezogen und eng orientiert sein.

DER ZUSAMMENHALT EINER MEUTE

DAS GEFÜGE

Die Hunde einer Meute werden im Optimalfall gezielt kombiniert und miteinander, und vor allem aneinander, ausgebildet. Eine Meute kann also nicht einfach angeschafft werden, sondern muss wachsen. Junge Hunde kommen als Welpen mit acht bis zehn Wochen zum Rudel und nur die (leider immer häufiger auftretenden) Negativbeispiele unter den Meuten arbeiten mit zufällig angeschafften Hunden verschiedenen Alters, die einfach in die Gruppe gesteckt werden. Wichtig ist, dass junge Hunde lernen, sich in das Rudel zu integrieren und dort die Möglichkeit erhalten, sich zu entwickeln und ihre Position zu finden. Das Rudel einer Meute ist das ganze Jahr zusammen und dessen Haltung und Unterhaltung mit sehr viel Kosten und Aufwand verbunden.

AUSBILDUNG IN DER GRUPPE

Da die jungen Hunde innerhalb der Meutearbeit ausgebildet werden, sind diese tendenziell schon sehr früh im jagdlichen Einsatz. Damit wird in Kauf genommen, dass noch vor dem Schließen der Wachstumsfugen und vor der wesenstechnischen Ausreifung der Hund körperlich und mental regelmäßig in Überlastungssituationen geführt wird, welche die Gesundheit beeinträchtigen können. Zur gruppendynamischen Ausbildung, in der das Tradieren von Jung und Alt, also das Weiterführen des Erlernten entscheidend ist, gibt es aber kaum eine Alternative. Verantwortungsvolle Meuteführer sind interessiert an gut sozialisierten sowie gesunden Hunden und zeigen großes Engagement bei deren Ausbildung.

JAGEN IM WOLFSGEBIET

- Mittlerweile leben in Deutschland über zweihundert Wolfsrudel mit besonders hohen Dichten in Nord- und Ostdeutschland. Tödliche Übergriffe von Wölfen auf Hunde im Treiben treten vermehrt auf. Über den Einsatz des eigenen Hundes muss verantwortungsvoll entschieden werden. Dabei sind folgende Punkte zu bedenken bzw. Sicherheitsvorkehrungen über die üblichen Maßnahmen wie Ortung, zeitverzögertes Schnallen etc. hinaus zu treffen: Lösen sich Hunde beim Treiben in einem Wolfsgebiet nicht vom Führer, sind sie nervös oder nässen sie gar mit aufgestelltem Kamm, schickt man sie besser nicht. Hunde reagieren oft schockiert auf Wolfspräsenz: Die genannten Verhaltensweisen lassen auf Wölfe in der Nähe schließen.
- Schutzwesten mit Bissschutz, wie z. B. Kettenhemden, sind anzuraten. Diese Westen können mit einem zusätzlichem Halsschutz bestellt werden, der vor Kehlbissen schützt.
- Sehr raubwildscharfe Hunde sollten in Wolfsgebieten nicht eingesetzt werden. Die Hemmschwelle, sich mit Wölfen in einen Kampf zu begeben, ist bei diesen Hunden geringer und sie sind dadurch gefährdeter als andere.

Hunde stöbern lassen, wo Wölfe jagen? Das muss letztlich jede und jeder für sich selbst entscheiden. Zusammenstöße hat es bereits einige gegeben – zum Nachteil der Hunde.

DRÜCKJAGDEN SIND EFFIZIENT

— Egon Bermayer, Jagdpächter und Hegeringleiter

„Ohne gezielte Drückjagden auf Schwarzwild mit guten Stöberhunden wären wir nicht in der Lage, landwirtschaftliche Flächen ausreichend zu schützen."

In meiner 500 ha großen Jagdpacht sind 50 % Feldanteil der örtlichen Landwirte zu bejagen. In unserer Region im Norden Baden-Württembergs existieren recht hohe Schwarzwildbestände. Das ist jagdlich natürlich sehr spannend. Für die Landwirtschaft und die Seuchenprävention bedeutet es allerdings eine Herausforderung, da Sauen Schäden in den Feldfrüchten wie Mais und Raps verursachen und Krankheiten auf Schweinemastbetriebe übertragen können. Wir Jagdpächter können von den Landwirten bei Wildschaden zur Kasse gebeten werden und versuchen daher, beispielsweise durch Zäunen von Äckern und gezielte Bejagung, die Sauen, so gut es geht, aus den Äckern fernzuhalten.

Wildschäden können in meinem Revier rasch wirklich schmerzhafte Schadenssummen von bis zu 5.000 Euro jährlich erreichen – schon allein deshalb liegt mir natürlich daran, jagdlich gegenzusteuern. Eine gezielte und bestens vorbereitete Drückjagd pro Jahr, zusammen mit den angrenzenden Revieren durchgeführt, ist dabei ausgesprochen effizient. Sie bringt in der Regel um die Dreiviertel der Schwarzwildstrecke. Zeit- und störungsintensive Einzelansitze bei Tag und bei Nacht können damit reduziert werden und erfolgen noch an Schadensschwerpunkten. Das Pirschen in Einständen unterlassen wir gänzlich.

Gute Stöberhunde helfen uns bei den Drückjagden, das Schwarzwild aus den großen Brombeerverhauen und Dickungen aufzumüden und vor die Schützen zu bringen. Bei der Planung dieser Jagden setze ich deshalb gezielt an Schwarzwild eingearbeitete und wegen der Straßennähe kurz jagende Durchgehhunde mit ihren Hundeführerinnen und Hundeführern ein. Damit habe ich außerordentlich gute Erfahrungen gemacht. Ohne gut eingearbeitete Vierbeiner ist für mich als Pächter mit 40 Jahren Jagderfahrung eine erfolgreiche Drückjagd nicht möglich. Sie bringt zudem nur eine einmalige Störung ins Revier und bleibt für mich die beste Jagdart auf Schwarzwild.

01

02

03

01 Solche Schwarzwildschäden schaden dem Landwirt, aber auch dem Geldbeutel des Jagdpächters.

02 Auf Drückjagden kann beim Schwarzwild gut Strecke gemacht werden.

03 Voraussetzung für effektive Saujagden sind stöbernde Hunde, die verlässlich an Schwarzwild arbeiten.

SPEZIELLE ASPEKTE UND HÄUFIGE FRAGEN

WECHSELWIRKUNGEN UND INKONSEQUENZ BEIM EINSATZ

STÖBERN VS. NACHSUCHE

Die Ausbildung und der praktische Einsatz eines Hundes zum Stöbern haben Auswirkungen auf verschiedene andere jagdliche und nicht jagdliche Belange. Diese gilt es hier ehrlich anzusprechen, denn als Hundeführer müssen auftretende Wechselwirkungen eingeschätzt und gemanagt werden können.
Ein sehr guter Stöberhund wird nur sehr selten auch ein sehr guter Nachsucher werden. In beiden Disziplinen gilt der Leitsatz des Vereins Dachsbracke: Spezialisten leisten mehr.

KONTRASTIERENDE AUFGABEN

Der Grund hierfür ist die Unterschiedlichkeit in der grundsätzlichen Tätigkeit des Hundes: einerseits das langsame Verfolgen von kalten Fährten des verwundeten Wildes am Riemen bei der Nachsuche und andererseits das schnelle, selbstständige Suchen und Verfolgen der warmen Fährte bei der Stöberarbeit. Der stöbernde Hund sucht aktiv und strukturiert nach Fährten, solange die nicht vorhanden sind, und verfolgt sie, wenn sie gefunden wurden. Der nachsuchende Hund wird an der kalten Fährte oder in deren direkten Umfeld angesetzt und folgt ihr bis zum Ende. Die Aufgabe bei der Nachsuche steht also konträr zum Einsatz bei der Stöberarbeit. Wenn ein Hund sicher in einer Disziplin ist, tut er sich schwer, seine Arbeitsweise plötzlich zu ändern.

VERLEITUNGEN

Stöberhunde haben bei der Nachsuche das Problem der Verleitung. Eine Verleitung ist die kreuzende Spur oder Fährte von gesundem Wild über einer Wundfährte. Verleitungen sind frischer als die Wundfährte und üben deshalb auf den Hund einen höheren Reiz aus. Sogenannte Verleitfährten können im Fährtentraining bewusst eingesetzt werden, um den Hund in der Fährtentreue zu festigen.
Sehr erfahrene Stöberhunde mit konsequentem Fährtentraining und regelmäßigen Einsätzen auf der echten Nachsuche können die Arbeiten unterscheiden und mit Wildschärfe und einem unbedingten Fährtenwillen überdurchschnittliche Leistung auch auf der Schweißfährte zeigen. Die Arbeitsweise passionierter Stöberhunde bei der Nachsuche ist dabei oft weniger ruhig und temporeicher, kommt dann aber auch ans Ziel. Für eine grundsätzlich abrufbare, sichere Leistung bei schwierigen Nachsuchen benötigt es aber auch dann die Spezialisten.

MISCHEN DER STÖBERDISZIPLINEN

INKONSTANTE LEISTUNG

Wie zuvor geschildert, ist das in einem gewissen Rahmen vorhersagbare und verlässliche Stöberverhalten der Hunde wichtig für die Jagdplanung und den Jagderfolg, aber

Gegensätzliche Anforderungen: Auf Schweiß sind „hauptamtliche" Stöberer meist zu stürmisch (Ausnahmen bestätigen die Regel). Komplizierte Nachsuchen sind immer Spezialistensache!

auch für die Sicherheit jedes Hundes und die Freude an der erfolgreichen Zusammenarbeit. Das Resultat einer Vermischung von Durchgehen und Schnallen vom Stand in der Ausbildung und Führung eines Hundes bewirkt das Gegenteil und lässt sich mit zwei Worten beschreiben: inkonstante Leistung. Werden in den ersten aktiven Jahren des Hundes diese Disziplinen gemischt, wird er in keiner vor ihnen an das Optimum bezüglich Distanzen, Jagdzeiträume oder zuverlässigem Zurückkehren gelangen.
Im Gegenteil, das Resultat des „Mischens" können auch Totalausfälle sein, wie beispielsweise, dass der Hund sich nicht vom Stand löst, wenn er bei den Jagden zuvor als Durchgeher geführt wurde.
Es mag Ausnahmehunde geben, die trotz fehlender Trennung der Disziplinen beides ordentlich beherrschen. In mehr als 90 % der Fälle sieht man bei solchen Hunden aber für den jeweiligen Einsatzzweck unzureichende Stöberleistungen.

DER GELERNTE STANDSCHNALLER ALS DURCHGEHER

Die hier gezeigten Szenarien veranschaulichen, welche Stöberleistungen Jägerinnen und Jäger zu sehen bekommen werden, wenn sie in den Einarbeitungsjahren die Disziplinen Durchgeher und Standschnaller vermischen. Auch bei einem in der einen oder anderen Disziplin eingearbeiteten und erfahrenen Stöberhund wird man in den meisten Fällen mit einer spontanen Disziplinänderung nicht erfolgreich im Sinne dieses Buches sein. Denn diese Hunde beherrschen ihre Arbeitsweise meist schon sehr gut und werden erst recht nicht ohne größere Anstrengung in das andere „Fach" wechseln, um dort die hier beschriebenen Anforderungen erfüllen.
Wird ein als Standschnaller eingearbeiteter Hund als Durchgeher eingesetzt, weil man auf der eigenen Jagd selbst Treiber ist, oder ein guter Freund noch treibende Hundeführer braucht, wird man in vielen Fällen oben gezeigtes Bild erkennen.

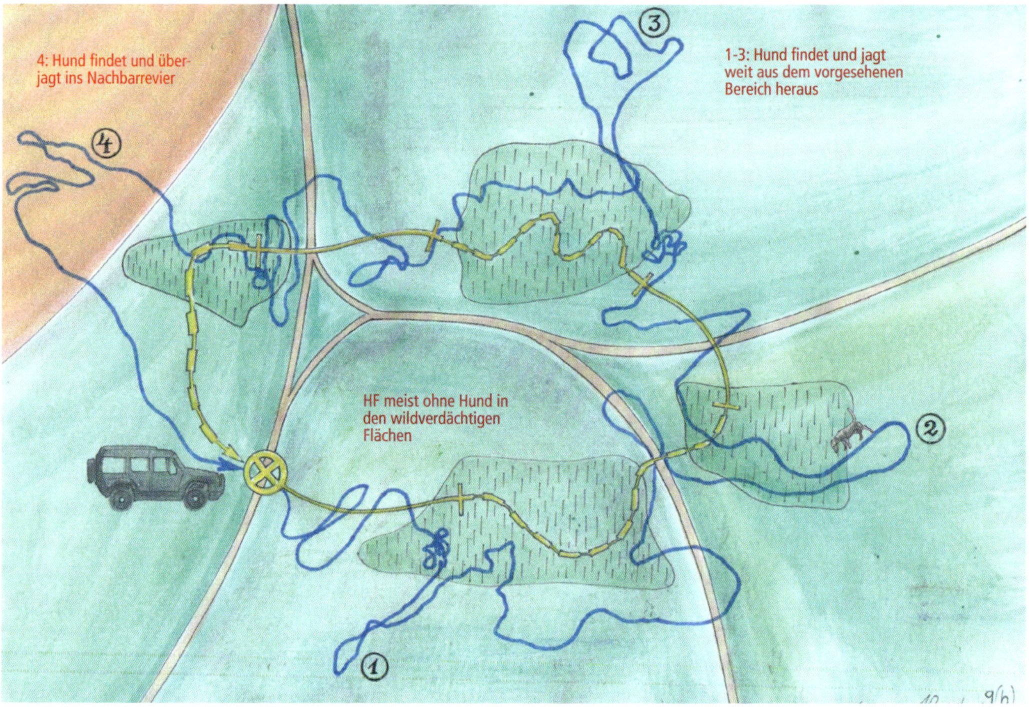
4: Hund findet und überjagt ins Nachbarrevier
1-3: Hund findet und jagt weit aus dem vorgesehenen Bereich heraus
HF meist ohne Hund in den wildverdächtigen Flächen
4
3
2
1

01

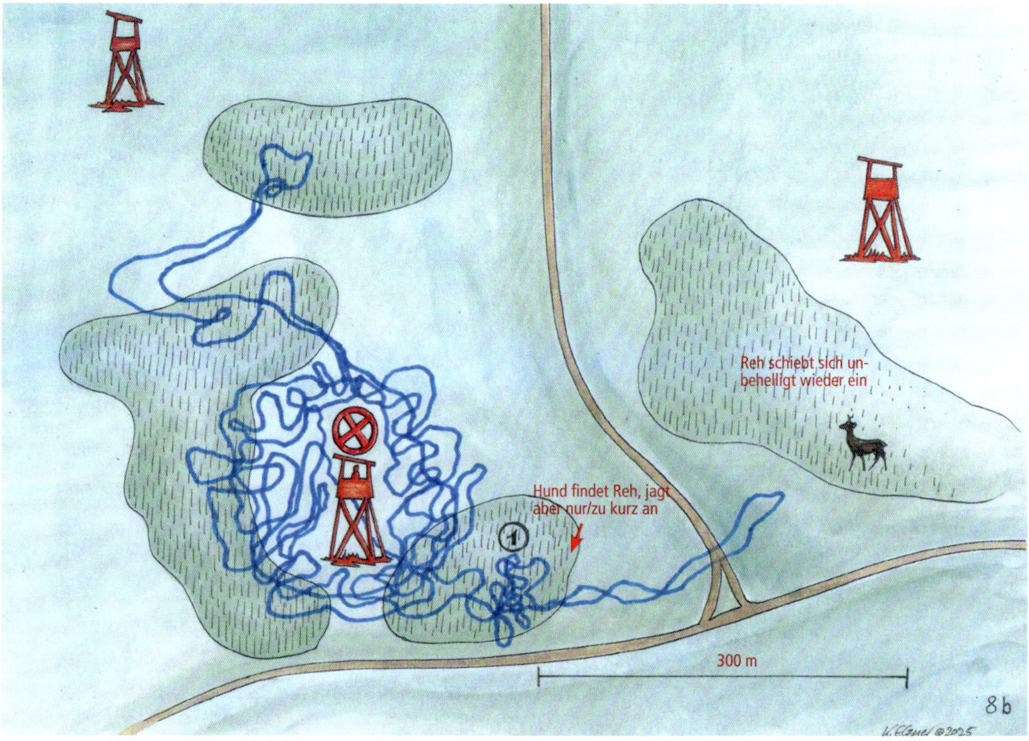
Reh schiebt sich unbehelligt wieder ein
Hund findet Reh, jagt aber nur/zu kurz an
1
300 m
8b

02

Tschüss, bis später!

Hunde mit starker Führerbindung zeigen am Anfang vielleicht noch ein halbwegs am Führer orientiertes Suchverhalten. Mit der ersten frischen Wildfährte und der darauffolgenden lauten Jagd allerdings beginnt das Problem. Der Hund wird das Wild in den Distanzen und Zeiträumen eines Standschnallers jagen. Also über viele hundert Meter bis Kilometer und 30 bis 60 Minuten oder mehr. Der Hundeführer schlägt sich in dieser Zeit allein durchs Unterholz und wird vor der nächsten Brombeerdickung keinen Hund an seiner Seite haben, der ihm die darin festliegenden Sauen sprengt oder Rehe hochmacht.

Letzte Rettung: das Auto

Mit Glück bekommt man seinen „Durchgeh-Standschnaller" irgendwann im Trieb wieder zu sehen, wenn er nach langer Jagd zurückkommt und den Führer sucht. Dann kann die Route ein kurzes Stück bis zum nächsten Wildkontakt gemeinsam fortgesetzt werden, bis der Hund das nächste Wild jagt und erneut für längere Zeit solo jagend unterwegs ist. Der Hund wird auch immer Probleme haben zu verstehen, dass sich sein Führer bewegt und nicht am Fixpunkt Drückjagdbock wartet, wie er es kennt. Häufig orientieren sich diese Hunde dann am letzten gemeinsamen Fixpunkt Auto und warten hier tatenlos bis zur Ankunft des Führers.

01 Wird ein als Standschnaller eingearbeiteter Hund plötzlich als Durchgeher geführt, wird sein Hundeführer über weite Strecken der Route ohne Hund unterwegs sein.

02 Wird umgekehrt ein als Durchgeher eingearbeiteter Hund vom Stand geschnallt, sucht er i. d. R. nicht weit genug. Wild bleibt in weiter entfernten Dickungskomplexen unbehelligt – keine Chancen für den Schützen (Hochsitz r.).

- Stöbernder Hund
- Besetzte Drückjagdeinrichtung
- Stationärer HF, dessen Standschnaller stöbert
- Mobiler HF
- Laufweg mobiler HF
- Laufweg HF ohne Hund (Hund weg/ zu weit entfernt)
- Dickung
- Wald
- Nachbarrevier
- Waldweg/Straße

Warum ist das schlecht?

Nun könnte man doch behaupten: Solange der Hund jagt, ist doch alles gut und er macht seinen Job. Beachtet man aber, wie und warum Standschnaller und Durchgeher auf Drückjagden positioniert werden (siehe Drückjagd - Durchgeher plus Standschnaller ab S. 135), so wird einem klar, dass in dem geschilderten Fall schnell die folgenden Probleme auftreten:
Der Hund jagt unter Umständen nicht mehr innerhalb des Treibens, sodass keine Schützen da sind, um das Wild zu erlegen.Der Hund begibt sich in Gefahr, weil Risikoquellen wie Straßen in der Nähe liegen.Der Job als Durchgeher wird nicht erfüllt, d. h. es bleiben Dickungen unbejagt und das Wild liegt dort fest, weil der Hund gerade nicht vor Ort ist.

DER GELERNTE DURCHGEHER ALS STANDSCHNALLER

Wird ein als Durchgeher eingearbeiteter Hund spontan als Standschnaller eingesetzt, weil der Jagdleitung kurzfristig noch solo jagende Weitgänger fehlen, um das Wild in Bewegung zu halten, so wird man in vielen Fällen oben gezeigtes Verhalten erkennen.

Nett hier, aber jetzt wird es langweilig

In diesen Fällen wird die starke Führerbindung und die gelernte Teamarbeit zum Problem, denn der Hund wird in den Einsätzen als Standschnaller Schwierigkeiten haben, sich ausreichend weit vom Stand des Hundeführers zu entfernen, um Wild in entsprechenden Distanzen zu finden und zu jagen. Hat man Glück und es liegt Wild in 50 bis 150 Metern Umkreis zum Stand oder wechselt es in diesen Bereich hinein, so wird es

auch der als Standschnaller eingesetzte Durchgeher jagen. Allerdings dreht er vermutlich nach 300 bis 500 Metern Jagd wieder ab und kommt zum Stand zurück, denn er hat nicht gelernt, allein ausdauernd am Wild zu jagen.
Auf dem Ortungsgerät wird der Hundeführer eine engräumige Suche (Wollknäuel) um den Stand sehen, die schnell nicht mehr erfolgreich ist, und dann auch zu Frust beim Hund – und beim Hundeführer – führen kann. Solche Hunde fangen dann gelegentlich auch an, den Stand zur verbellen oder zu verteidigen und halten ihn damit wildfrei.

Warum ist das ungenügend?

Der so eingesetzte Stöberhund schafft verschiedene Probleme, die hätten vermieden werden können:
Wild wird nicht ausreichend in Bewegung gehalten und kann sich schnell in Dickungen wieder einschieben. Und bleibt dann unbejagt, wenn dort keine Treibergruppe mehr vorbeikommt.Die Planung der Jagdleitung (Flächenabdeckung) geht nicht auf, das Jagdergebnis ist unzureichend. Der Hundeführer wird an diesem Tag vermutlich auch keine Strecke machen – Frust bei Mensch und Hund.

DER DURCHGEHER ALS TREIBER-ANHÄNGSEL

Einen Durchgeher zu führen, braucht auch vom Hundeführer ein klares Bekenntnis dazu, dies wirklich zu tun. Hund und Mensch funktionieren bei dieser Disziplin nur im Team und der Hund lernt in der Einarbeitung, sich am Führer zu orientieren und ihm zu vertrauen. Dieses Vertrauen wird gestört, wenn der Hund im schlimmsten Fall komplett fremden Treibern zur Jagd mitgegeben wird. Führerbezogene Hunde werden dann eher ihren Hundeführer suchen anstatt zu jagen, mitunter auch die Treibergruppe verlassen, um sich einer anderen anzuschließen, oder auf eigene Faust jagen zu gehen.
Das Resultat sind Hunde, die ihr jagdliches Potenzial nicht ausschöpfen, am Ende der Jagd gesucht werden müssen oder von anderen Menschen zum Sammelplatz gebracht werden, als denjenigen, denen sie mitgegeben wurden. Hinzu kommt der Vertrauensverlust, im Hundeführer einen Partner durch dick und dünn zu besitzen, was auch im Alltag negative Effekte haben kann (Stichwort Alltagstauglichkeit).

DIE KONFLIKTE DES HUNDES

In den vorstehend geschilderten Fällen werden die eingeübten und positiv verknüpften Grade an selbstständiger Arbeit vs. Teamarbeit zum Problem für den Hund und damit auch für den Hundeführer. Ein Hund, der gelernt hat, dass sein Führer immer dort ist, wo er ihn verlassen hat (Standschnaller),

Eine vertrauensvolle Beziehung heißt auch gemeinsame Vorfreude auf den Jagdeinsatz.

muss plötzlich seinen spontan durchgehenden Hundeführer suchen. Und der ist unter Umständen dann auch noch ärgerlich, wenn der Hund nicht nach zehn bis fünfzehn Minuten, sondern erst nach eineinhalb Stunden wieder bei ihm ankommt.
Ein Hund, der gelernt hat, dass das Beuteerlebnis in ganz nahem Zusammenhang mit dem Hundeführer steht oder gar mit diesem stattfindet (Durchgeher), wird Frust empfinden und auch erzeugen, wenn er um den Stand seines spontan als Schützen eingesetzten Führers kein Wild findet oder dieses nicht bis zum Nachbarschützen jagt.
Werden die Disziplinen regelmäßig getauscht und damit die Verhaltensweisen und Lernerfolge permanent durchmischt, so wird sich bei vielen Hunden irgendwann eine Mischung aus Distanzen und Jagdzeiten einstellen, die aber auch dann keine der an Standschnaller oder Durchgeher gestellten Anforderungen wirklich zufriedenstellend erfüllt.
Die Lösung (mit annähernder Erfolgsgarantie) ist einfach, erfordert aber Selbstdisziplin: Den Hund konsequent in einer Disziplin einsetzen und von vornherein so einplanen.

FREILAUF IN DER JAGDFREIEN ZEIT

Heißt passionierter Stöberhund gleich Leinenzwang beim Spaziergang bis ins hohe Alter? Warum es auch möglich ist, im Alltag mit dem Hund entspannte leinenlose Spaziergänge zu haben (mit Einschränkungen) und wie der Hund in der jagdfreien Zeit gut ausgelastet werden sollte, soll hier beleuchtet werden.
Stöberhundeführer stehen vor besonderen Herausforderungen, was den Freilauf des Hundes im Alltag angeht. Der Hund lernt in der Einarbeitung zum Stöbern selbstständiges Arbeiten und Selbstbelohnung durch Jagdhandlungen, da ist es nur nachvollzieh-

Alle Signale stehen hier auf „Herumbummeln“ und nicht auf „Jagd“. Und so hilft der Terrier mit Tiefbauarbeiten ...

bar, dass er auch in anderen Situationen versuchen wird, diesen Lohn „einzufahren“.
Konsequentes Trennen von Spaziergängen und Jagdtraining, gepaart mit den angesprochenen Jagdsignalen wird sich allerdings über die Monate (und Jahre) hinweg auch im Kopf des Jagdhundes manifestieren – er wird lernen, dass das ultimative Beuteerlebnis nie im Kontext von Alltagshandlungen passiert. Die Reizlage bei einem Spaziergang in Waldnähe sinkt damit auch, wenngleich es für Stöberhunde natürlich stets eine Herausforderung sein wird, frischen Wechseln nicht nachzugehen.
Rassen wie Bracken, die während ihrer Arbeit das Umfeld fast gänzlich ausblenden, tun sich hier schwerer als beispielsweise Terrier, die allzeit sehr wach und aufnahmefähig sind. Gebrauchskreuzungen mit Nichtjagdhundanteilen sind dagegen verhältnismäßig einfach in diesen Situationen zu führen.

DIE SCHLEPPLEINE: ALLTAGSSIGNAL UND HILFE

Es ist keine Schande, seinen jungen Stöber-

Die Schleppleine ist auch zum Lenken von Stöberhunden in Alltagssituationen eine nützliche Hilfe.

TIPP

Wer seinen Stöberhund im Alltag auch mal an der langen Schleppleine führt, bricht sich keinen Zacken aus der Krone. Lieber einmal zu viel an der Schleppleine, als einmal eine vom Hund initiierte „Stöberei" und den in fremden Revieren damit auch gern verbundenen Ärger zu riskieren.

hund an einer zehn Meter langen Schleppleine durch alltägliche Spaziergänge zu führen. Im Gegenteil, sie schützt Hund und Führer vor spontanen Stöberjagden, welche nur Gehorsamsverlust und Trainingseinbußen bedeuten. An der Schleppleine sind Hunde sowohl gut auslastbar (Dummytraining, Apportierübung, Gehorsamstraining), als auch wunderbar ohne viele Kommandos auf einem entspannten Sonntagsspaziergang zu leiten. Übt man das Kontakthalten zum Führer, das Hereinkommen auf Ruf oder Pfiff, ein Abbruchkommando und weitere Gehorsamselemente an der Schleppleine unter steigenden Reizlagen (z. B. zunächst im Garten, dann auf offener Wiese, dann im Wald), so wird man die Leine irgendwann auch entfernen können.

Wann dieser Zeitpunkt gekommen ist und ob es in jeder Situation ohne Leine funktioniert, hängt vom Hund selbst, etwas von der Rasse und auch vom Training des Hundeführers ab. Allerdings wird man auch in dieser Zeit, die mindestens eineinhalb Jahre währt, auch als Team im Alltag zusammenwachsen und sich kennen- und einschätzen lernen. Als Hundeführer ist man irgendwann auch einzuschätzen in der Lage, ob der Freilauf in der aktuellen Situation funktioniert oder ob sicherheitshalber die lange Schleppleine am Hund sein sollte.

Hier darf man vom jungen Hund keine Wunder erwarten. Ab zwei Jahren Alter darf man sich langsam auf deutlich besseren Gehorsam und zuverlässige Reaktionen in Reizsituationen einstellen. Hierzu bedarf es aber konstanten Übens und Konsequenz in den ersten Jahren.

STÖBERSIGNALE NICHT IM ALLTAG

So wie Signale die Stöberarbeit einläuten, so sollte man zu Beginn der gemeinsamen Zeit auch Alltagssignale einüben. Die Sauenschutz- oder Jagdhose sollte also nicht auf der Gassirunde getragen werden, und dem Hund muss dafür eine Alltagshalsung oder

Signal Spaziergang: Gassileine, keine *Stöberkleidung, Ortung oder Signalweste.*

ein Alltagsgeschirr angelegt werden. Auch ein kleiner Mobilfunktracker am Halsband für den Notfall anstatt eines großen Ortungssystems an der Halsung erleichtert dem jungen Hund, sich in Routinen einzufinden, und den Gehorsam im Alltag.

IMPULSKONTROLLE – EIN ENDLICHES GUT

Dem Reiz einer duftender Wildfährte oder -spur nachzugeben, ist für den Hund einfacher, als dem Pfiff des Hundeführers zu folgen und umzudrehen, oder auf Triller ins Platz zu gehen. Nichtsdestotrotz können wir dies ab einem gewissen Punkt vom Hund verlangen und müssen dies auch. Vorangegangen sein muss dem natürlich ein entsprechendes ausgiebiges Rückruf- oder Abbruchtraining mit entsprechenden Übungsaufbauten und einer zuverlässigen Verankerung des Kommandos in reizarmen Situationen.

Wissen wir, dass der Hund die Kommandos auch unter stärkeren Reizen wie denen anderer Hunde oder Wildgeruch beherrscht (Übung an der Schleppleine), so kann es auch im Alltag ohne Leine praktiziert werden. Besonders groß ist dann der Erfolg, wenn der Hund sich trotz sichtigem Reh oder Fuchs auf 50 Meter mit Triller ins Platz legt oder anhält. Auf diesen Erfolg darf man zurecht stolz sein – auch auf den Hund.

NICHT ÜBER*REIZEN*

Eines muss man sich jedoch bewusst machen: Diese Impulskontrolle des Stöberhundes hat ihre Grenzen. Kommt z. B. nach dem ersten Reh noch ein zweites, oder wartet man zu lange, bis man beim Hund ist oder ihn aus dem Platz abholt bzw. heranruft, so kann der Reiz zu groß werden und der Hund doch noch lospreschen. Diese Schwelle ist von Hund zu Hund unterschiedlich hoch, aber für alle gilt: Irgendwann ist es zu viel. Daher muss in Reizlagen zwar sicherer Gehorsam herrschen, man sollte es aber nicht übertreiben (im wahrsten Sinne des Wortes überreizen), sondern den Hund zeitig mit der Leine sichern oder aus der Reizsituation herausnehmen.

AUSLASTUNG ABSEITS DES STÖBERNS

Die Stöbersaison in bewaldeten Gebieten ist auf wenige Monate im Jahr begrenzt. Um auch in den anderen Monaten einen körperlich und geistig ausgeglichenen Stöberhund im Alltag zu haben, bedarf es gezielter Auslastung, die auf verschiedene Weisen herbeigeführt werden kann. Hier ein paar Beispiele:

REIZANGEL

Dieses Training ist sowohl körperlich als auch geistig anspruchsvoll und benötigt wenige Utensilien. Ein langer Stab, eine alte

Auch mit zwei Hunden lässt sich die Reizangel prima nutzen. Impulskontrolle des einen, Auspowern des anderen.

Ausgeben des Reizgegenstandes auf Kommando – das muss sitzen.

Angel oder ein Teleskopstiel aus dem Handwerksbedarf eignen sich. Ein Reizgegenstand (Apportl, ein Schwarten-/Deckenstück, Schwingen, Läufe etc.) wird mit einer Schnur gut daran befestigt.
Wichtig ist, den Hund nicht nur der „Beute" hinterherhetzen zu lassen, sondern das Reizangeltraining auch mit Gehorsamselementen (für den Kopf) zu verbinden. Egal ob der Hund ruhig liegen und warten soll, während die Beute langsam oder schneller um ihn herumtanzt, oder ob er mit fortschreitendem Training auf Triller bei der Hatz ins Platz gehen muss – all das fordert ihn geistig und schärft den Gehorsam.

Wichtige Trainingselemente

Wichtige Elemente sind ein regelmäßiger Richtungswechsel und das Beuteerlebnis, also das Fangen des Reizgegenstandes. Dieser wird anschließend in frühen Übungsstadien mit Kommando „Aus" eingetauscht gegen Leckerchen und später nur auf das Kommando „Aus" freigegeben.

Überanstrengung vermeiden

Junge Hunde (vor dem zwölften Monat) sollten dieses anstrengende Training nur ca. zehn Minuten am Stück machen, aber auch ältere Hunde werden nach einer halben Stunde schon erschöpft sein. Bei großer Hitze im Sommer verzichtet man besser auf die Arbeit mit der Reizangel bzw. verlegt das Training in die kühleren frühen Morgen- oder Abendstunden.

APPORTIEREN UND FÄHRTENTRAINING

Aus anderen jagdlichen Einsatzgebieten sind Übungsaufbauten zum Apport und zur Fährtenarbeit bekannt und beliebt. Auch für einen Stöberhund, der oftmals auch als Nachsuchenhund auf Totsuchen geführt wird, ist das Fährtentraining eine willkommene Auslastung in der jagdfreien und/oder stöberfreien Zeit. Ebenso kann bei apportaffinen Rassen, wie beispielsweise Terriern oder Wachtelhunden, das gezielte Apport- und Schleppentraining mit Dummys oder

Apportiertraining – vielseitig und fast überall machbar, auch in kurzen Übungseinheiten

Ruht die Stöberarbeit, bieten sich andere jagdliche Möglichkeiten mit gemeinsamem Erleben.

Wild eine gute Teamübung und Auslastung sein. Egal ob an Land oder aus dem Wasser, die Übungsaufbauten hier sind vielfältig und bringen Spaß. Bei diesen Übungen sind vor allem die geistige Auslastung über die Nasenarbeit aber auch die körperliche Bewegung garantiert.
Für beide Übungsfelder gibt es gute und detaillierte Literatur, die Schritt für Schritt an Apport und Nachsuche heranführen. Allerdings sollte dabei beachtet werden, dass man nicht den Apportier- oder Nachsuchenprofi an der Leine hat, sondern einen auf die Stöberjagd ausgesuchten und ausgebildeten Hund, mit dem man Apport und Nachsuche eher als Nebendisziplinen und zur Auslastung praktiziert. Daran sind sowohl der Übungsaufbau als auch die eigene Erwartungshaltung an den Hund auszurichten.

KÖRPERLICHE AUSLASTUNG UND KONDITIONSTRAINING

Sport und Radfahren mit Hund

Treibt der Hundeführer selbst Sport, können diese Momente genutzt werden, um dem Hund zusätzliche Auslastung zu verschaffen. Ob beim Joggen, Walken, Skaten oder Radfahren – Stöberhunde werden begeisterte Begleiter sein. Hierfür gibt es zusätzliche Ausrüstungsgegenstände wie flexible Leinen, Geschirre, Abstandshalter fürs Fahrrad, Zuggeschirre und vieles mehr, die bei Interesse eingesetzt werden können.
Grundlegend ist aber auch hier das zunächst zwanglose und positive Heranführen an die Übung, das Übungsgerät Fahrrad oder die Inline-Skates und dann das langsame Steigern von Geschwindigkeit und Intensität. Ob der Hund bei diesen Übungen voraus-rennen und sogar ziehen darf, oder ob er auf Bei-Fuß-Höhe bleiben soll, liegt in der Entscheidung des Hundeführers. Wichtig ist allerdings: Wenn man davon eine Vorstellung und ein Ziel hat, sollte man auch dieses konsequent einhalten und durchsetzen.

Neben dem Fahrrad – auch eine Möglichkeit, den Hund auszulasten und körperlich fit zu halten.

Auch wenn man als Hundeführer keine Sportskanone ist, sollte man sich zumindest mit dem Thema Fahrrad anfreunden und gemeinsames Training beginnen. Das Fahrrad schafft nicht nur körperlichen Ausgleich für den Hund, sondern auch Kondition für die nächste Stöbersaison.

Alles in Maßen

Die genannten Trainingsarten sollte nicht von dem achten Lebensmonat des Hundes einsetzen und bis dessen körperlicher Reife maximal 30 bis 40 Minuten am Stück dauern. Ausgewachsene Hunde können dann, je nach Konditionsstand, auch 60 Minuten und länger mitjoggen, -skaten oder am Rad laufen.
Eine weitere sehr gute Möglichkeit, den Hund körperlich auszulasten, ist das Schwimmen. Der Vorteil dabei ist, dass sich der Hund gerade in den heißen Sommermonaten abkühlen und gleichzeitig Kondition für die kommenden Stöberjagden aufbauen kann. Schwimmen ist für den Hund sehr gelenkschonend und gesundheitlich von hohem Wert.

JAGD UND ALLTAG – DAS DILEMMA DES HUNDES

Das Dilemma, in dem Stöberhunde heute stecken, darf ein Hundeführer nicht unterschätzen. Auf der einen Seite wird wildscharfes und passioniertes Jagdverhalten vom Vierbeiner gefordert, auf der anderen Seite soll er lange Bürotage allein daheim oder ruhig neben dem Schreibtisch ausharren, auf Familienfeste begleiten und entspannt neben dem Sofa liegen, kinderlieb sein, den Postboten und die Hauskatze lieben und vieles mehr. Eine teilweise herausfordernde Kombination von Ansprüchen an den Stöberhund, die nicht immer alle und vor allem nicht immer alle gleichzeitig realistisch sind.

KONTROVERSE ANFORDERUNGEN ERFORDERN MANAGEMENT

Viele dieser Punkte lassen sich mit den zum Stöbern geeigneten Hunderassen bei frühzeitiger Gewöhnung und intensivem Training realisieren. Allerdings müssen oft auch Abstriche gemacht werden, wo Abstriche gemacht werden können.
Dass Familienmitglieder zu respektieren sind und Einrichtung nicht zu beschädigen ist, ist unverhandelbar und essenziell. Aber ob der Postbote nun wirklich nicht verbellt werden darf, wenn er am Grundstück steht,

---

REALISMUS ZÄHLT

Plädoyer für die Stöberhunde unserer heutigen Zeit: Belegt sie bitte nur mit realistischen Anforderungen. Damit ist nicht gemeint, von ihnen nichts Herausforderndes zu verlangen. Aber alle Forderungen an die Hunde müssen realistisch und mit verträglichen Mitteln erlernbar sowie durchsetzbar sein.

02

oder die Nachbarskatze wirklich als Freund zu betrachten ist, sind Punkte, zu denen der Hundeführer selbst für seinen Hund den Rahmen des Möglichen im Alltag und im Training erkennen und ihn setzen muss. Gibt es Punkte im Alltag, bei denen der Stöberhund trotz Training nicht wie gewünscht reagiert, so darf der Zeitpunkt nicht verpasst werden, vom Training zu einem Situationsmanagement überzugehen, sich also auch mal mit Kompromissen zufrieden-zugeben und entsprechende Situationen als Hundeführer zu regeln. Ein Beispiel hierfür mag z. B. sein, den Stöberhund zu Freunden, die Kaninchen besitzen, einfach nicht mehr mitzunehmen, weil er auch beim zehnten Besuch immer noch jaulend, zitternd und angeleint in der Ecke sitzt und nervt.

AUSGELASTETE HUNDE BEREITEN FREUDE IM ALLTAG

Eines ist sicher: Nur ein körperlich und geistig ausgelasteter Stöberhund kann auf Dauer ein gutes Familienmitglied sein. Die Aufnahmefähigkeit, die Kompromissbereitschaft, die Reizschwelle – alles wird bei einem körperlich und geistig ausgelasteten Stöberhund verbessert. Alltägliche Forderungen setzt er besser um, ohne sie zu hinterfragen, sogar das Klingeln des Postboten an der Türe ignoriert er unter Umständen, im Garten beobachtet er Eichhörnchen anstatt sie zu jagen, buddelt keine Löcher, sondern badet in der Sonne, beim Spaziergang läuft er an lockerer Leine. Die Liste ließe sich unendlich fortsetzen und je nach Hund ausgestalten. Wichtig ist nur die Quintessenz: Mit der passenden physischen und mentalen Auslastung des Stöberhundes schaffen wir den Grundstein für einen im Alltag gut händelbaren und verträglichen Hund, egal welcher Rasse.

03

01 *Ausgelastet und gelassen sind Umweltreize, hier ein besucherreiches Fest, beherrschbar.*

02 *Nur ein entspannter, weil bedürfnisgerecht geforderter Hund ist auch ein angenehmer Alltagsbegleiter.*

03 *Ganz entspannt im Hier und Jetzt: Ausreichende Auslastung macht's möglich.*

DER ALTE STÖBERHUND

Der Stöberhund im Alter ist ein weites Feld, das vermutlich ein weiteres Fachbuch füllen könnte. Trotzdem möchten wir hier auf ein paar Aspekte aufmerksam machen.

ALT AB WANN?

Das körperliche Alter differiert etwas von kleinen zu großen Hunderassen, und entsprechend auch die Lebenserwartung, welche bei kleinen Jagdhunderassen höher liegt als bei großen. Grob sagt man, dass ein Jagdhund ab neun Lebensjahren zum Senior wird und damit als „alter Hund" gelten kann. Ab diesem Alter beginnen die ersten „Alterswehwehchen", und die Abnutzungserscheinungen durch starken jagdlichen Einsatz machen sich ernsthafter bemerkbar: Die Gelenkknorpel sind abgenutzt, es kann zu beginnender Arthrose kommen, die Muskeln bauen ab und sind nicht mehr so leistungsfähig. Organe wie das Herz sind gealtert und weniger leistungsstark, was in der Regel auch die Sauerstoffversorgung von Muskeln und restlichem Organismus beeinflusst.

Energiereiches Futter führt in diesem Alter eher zu Verfettung als zu Muskelaufbau, weshalb sich oft auch eine Umstellung auf weniger energiereiches aber magenfüllendes Futter empfiehlt. Hinzu treten oft auch eine spürbare Abnahme der Sehleistung und des Gehörs (bei Letzterem ist Altersstarrsinn manchmal nur schwer von Taubheit zu unterscheiden).

Irgendwann hat jeder Hund seinen Zenit überschritten und wird gebrechlich. Auf Stöberjagden muss er dann kürzer treten.

Mit zunehmender körperlicher Gebrechlichkeit steigt außerdem auch die Verletzungsgefahr für unsere Stöberhunde. Wenngleich der alte, erfahrene Hund immer noch jagdwillig an wehrhaftem Wild ist, fehlt es ihm aber vielleicht an Reaktionsschnelligkeit und Wendigkeit, um Angriffen auszuweichen. Unter dem Strich kann man das Altern eines Stöberhundes mit dem eines gealterten Leistungssportlers vergleichen. Auch der muss neben den normalen menschlichen Alterserscheinungen mit einer stärkerer körperlicher Abnutzung infolge seiner Belastung durch den Sport leben. Eine Unterstützung des alternden Hundes mit Spurenelementen und Mineralien oder auch pflanzlichen Mitteln ist möglich, und kann bei versierten Tierärzten oder Hundetherapeuten (z. B. Physiotherapeuten) erfragt werden.

KONSEQUENZ FÜR DEN STÖBEREINSATZ

Die vorstehend genannten Alterserscheinungen, die jeden Hund früher oder später in unterschiedlich starker Ausprägung ereilen, erfordern vom Hundeführer ein Umdenken im jagdlichen Einsatz. Der alte Stöberhund sollte, wenn er körperlich noch fit erscheint, auf weniger Jagden als zuvor eingesetzt werden. Zittert er nach den Jagden stark, z. B. an der Hinterhand, dann müssen die Zahl und die Dauer seiner jagdlichen Einsätze weiter reduziert werden. Eine Konsequenz könnte auch sein, den alten Hund nur noch auf kürzeren Stöberjagden im kleinen Kreis einzusetzen und von den langen Trieben von zweieinhalb bis vier Stunden herauszunehmen.

ABER ER WILL DOCH NOCH ...

Passionierte Stöberhunde wollen diese Passion oft bis zum letzten Tag ausleben und zeigen uns Gebrechen und Schmerzen nur ungern. Hier steht der Hundeführer in der Verantwortung. Er muss die Gebrechen trotzdem erkennen, Jagdeinsätze reduzieren

Der Hundeführer steht in der Verantwortung. Er darf den alternden Hund weder überfordern noch einfach sich selbst überlassen.

oder ganz darauf verzichten und dem Hund andere Formen der Auslastung und Alltagsgestaltung anbieten. Wichtig bleibt, dass der Hund als Teamplayer und Partner in Jagd und Alltag ausgebildet wurde, und das muss er auch bleiben dürfen – bis zu seinem Ende. Ein Hundeführer darf seinen Stöberhund in keinem Lebensabschnitt sich selbst überlassen und sich selbst nie aus der Verantwortung nehmen.

„TROUBLESHOOTING" – HÄUFIGE PROBLEME

Jede Hunderasse ist unterschiedlich und jeder Vierbeiner hat seinen eigenen Charakter. Ebenso vielfältig sind die Fragen und Herausforderungen, die die Ausbildung zum Stöberhund mit sich bringen kann. Dennoch kristallisieren sich einige Themen als häufiger auftretend heraus. Sie sollen hier angesprochen werden. Zu jedem Thema gibt es eine erste Hilfestellung aus der Praxis. Das Folgende erhebt keinen Anspruch auf Vollständigkeit, denn wir können an dieser Stelle natürlich nicht alle Gründe für Fehlverhalten oder alle Zufallsereignisse ahnen und ansprechen. Die Lösungsansätze spiegeln daher diejenigen Ansätze wider, die in den meisten Fällen zum Erfolg führen können – eine Erfolgsgarantie bieten sie nicht.

Kann ich meinen Stöberhund bei der Ansitzjagd mit auf den Hochsitz nehmen?
Den Hund bei der Ansitzjagd mit auf den Sitz zu nehmen und dann gegebenenfalls auch noch etwas vor ihm zu erlegen, kann dazu führen, dass Hunde, die danach als Standschnaller eingesetzt werden sollen, sich nicht mehr richtig von Ihrem Drückjagdstand lösen. Sie haben zuvor gelernt, dass das Beuteerlebnis direkt vor ihnen und direkt beim Hundeführer stattfindet, ohne dass er im Vorfeld eine Leistung erbringen muss. Besonders bei unsicheren oder stark führerbezogenen Hunden kommt es manchmal zu diesem Problem, wenn sie anschließend wieder vom Stand zum Stöbern geschickt werden. Weiter kann die Verknüpfung von Stand – Schuss – Beute dazu führen, dass sich Hunde bei Schüssen im Umfeld direkt in dessen Richtung aufmachen und ihre eigentliche Arbeit unterbrechen. Soll Ihr Hund also später ein Standschnaller werden, so ist es ratsam, ihn zumindest in der Einarbeitungsphase bis nach der ersten richtigen Drückjagdsaison nicht mit auf den Ansitz zu nehmen.

Mein Hund löst sich auf der Drückjagd nicht von meinem Stand.
Hier kann unter Umständen der vorgenannte Punkt – das Mitnehmen bei der Ansitzjagd in Verbindung mit dem Beuteerlebnis – ein Grund sein. Ursache können aber auch mögliche schlechte Erfahrungen im Rahmen von Drückjagden sein. Besonders wenn Hunde zu früh auf große Drückjagden geschickt werden, bevor sie deren großen Aufregungen und Herausforderungen hinsichtlich Ausbildungsstand und geistiger Reife noch nicht gewachsen sind, sind negativ prägenden Erlebnisse möglich. Es kann dann sein, dass der junge Hund die Sicherheit des Hundeführers sucht und nicht verlassen will. Außerdem muss man sich die Frage stellen: Hat mein Hund tatsächlich gelernt, sich von mir zu lösen und die Distanz zur nächsten Dickung, selbst wenn diese vielleicht 100 Meter entfernt ist, zu überbrücken? Eine andere Ursache kann ein in der Prägungszeit zurückliegendes scharfes Tadeln des Hundes sein, nachdem dieser von einem unerlaubten Jagdausflug wieder zum Führer zurückkam. Der Hund verknüpft Strafe mit unerlaubtem Lösen vom Führer.

Mein Hund entfernt sich zu weit von mir/vom Stand und jagt immer zu lange und zu weit.
Hier kann ein Grund sein, dass der Hund in der Einarbeitung gelernt hat, dass das Beute-

erlebnis in weiter Distanz zum Hundeführer geschieht, z. B. bei der Erlegung im Nachbarrevier nach langer Jagd hinter dem Stück. Eine weitere Ursache kann darin bestehen, dass der Hund nur in wildarmen Gebieten eingearbeitet wurde, wo er immer wieder sehr weiträumig suchen musste, bis er an Wild kam. Deshalb ist bei der Einarbeitung Wert darauf zu legen, dass der Hund möglichst schnell an Wild kommt, und dieses bestenfalls auch vom Hundeführer oder direkten Nachbarschützen erlegt werden kann.

Mein junger Stöberhund pöbelt auf der Drückjagd andere Hunde an anstatt zu jagen.
Negative Erfahrungen mit anderen Hunden in jagdlichen Situationen können hierfür ein Grund sein. Geht man dann in der Ausbildung einen Schritt zurück und arbeitet wieder mit kleinen Stöberübungen und nur einem Hund, dann wieder mit zwei oder drei Hunden, so lassen sich die Negativerlebnisse manchmal korrigieren.
Alternativ kann es auch sein, dass der Hund seinen grundlegenden Auftrag bei der Drückjagd noch nicht verinnerlicht hat. Hat ein passionierter Stöberhund begriffen, dass der eigentliche Kick einer Drückjagd im Jagen von Wild besteht, das oft auch noch zur Strecke kommt, so treten Pöbeleien, die oft ein Zeichen von Langeweile sind, meist in den Hintergrund.

TIPP
Mitunter suchen Hunde auf Drückjagden trotz korrekter Einarbeitung und positiver Erfahrung mit ihrer Arbeit und anschließendem Erfolg permanent Streit mit Artgenossen. Solche Fälle sind dann unbedingt mit Fachleuten näher zu betrachten und zu lösen, diese Hunde gefährden den Jagdablauf und ihre Artgenossen.

Mein Standschnaller wird am Ende der Jagd immer irgendwo eingesammelt und ich muss ihn abholen.
Hunde lernen manches besonders schnell: Dazu zählt die Erfahrung, dass der Hundeführer oder die Hundeführerin ihren Vierbeiner holen kommt, sollte er nach dem Jagen nicht rechtzeitig zurück sein (s. auch Infobox S. 107). Wichtig ist deshalb, schon in der Ausbildung immer genügend Zeit einzuplanen und bei Standschnallern immer am Ausgangspunkt zu warten (oder notfalls eine dem Hund bekannte Decke zu hinterlegen). Natürlich gibt es Situationen, in denen man den Hund holen muss, z. B. wenn er in direkter Straßennähe unterwegs ist oder sich viele Kilometer entfernt komplett verjagt hat. Das sollte aber die Ausnahme sein.
Der Grund für dieses Fehlverhalten liegt meistens in einer inkonsequenten Einarbeitung und dem Abholen des Hundes aus unnötigen Situationen. Beginnt man die „Stöberei", wie in diesem Buch geschildert, so müssen Hunde im Normalfall nicht abgeholt werden, sondern kommen zum Ausgangspunkt zurück. Hier könnte man also auch in der Ausbildung einen Schritt zurückgehen und wieder einzelne Stöberübungen mit dem Hund durchführen, bei denen konsequent auf seine Rückkehr gewartet wird. Diese wird dann überschwänglich mit Freude und Futter (und im besten Fall Beute) belohnt. Auch jede Kontaktaufnahme des Hundes während des Treibens wird am Stand mit Freude und gegebenenfalls einem kleinen Happen belohnt.

Mein Stöberhund schneidet regelmäßig erlegtes Wild an.
Hier können verschiedene Ursachen der Grund sein. Viele Hunde entwickeln ein solches Verhalten erst mit mehreren Jahren Jagderfahrung. Manche Hunde schneiden nur gegen Ende der Jagd an, weil sie dann ausgepowert und hungrig sind. Manche Hunde tun es nur, wenn das Stück weid-

wund geschossen ist. Wieder andere schneiden einfach grundsätzlich jedes Stück an – am liebsten von den Keulen her. Ein junger Hund kann auch nicht zwangsläufig wissen, dass so ein Verhalten unerwünscht ist, denn es kommt ihm zunächst einmal natürlich vor. Ein erster Ansatz könnte sein, den umliegenden Schützen am Anfang der Jagd mitzuteilen, dass sie verbal einschreiten sollen, wenn sie ein solches Verhalten des Hundes beobachten. Die Legitimation für ein scharfes „Pfui!" oder „Schluss!" nutzen viele Mitjagende, vor allem wenn sie selbst Hunde führen und wissen, wovon man spricht, und das kann bereits viel bewirken.

Im jagdlichen Alltag kann man das Problem auch selbst mit dem Hund angehen, sein Verhalten an einem frisch erlegten Stück beobachten und gegebenenfalls verbal deutlich korrigieren. Hier empfiehlt es sich, aus einiger Distanz zu beobachten, denn meist zeigen die Hunde das Verhalten nur ohne unmittelbar Präsenz des Hundeführers. Es gibt auch Stimmen, die sagen, das Füttern von rohem Wildfleisch würde Anschneideverhalten fördern. Es gibt sicherlich Fälle, auf die das zutrifft, aber auch diesen Hunden ist doch die situative Unterscheidung klar möglich ist – Drückjagd: nicht mein Fleisch, Futternapf: mein Fleisch.

„Ich habe Ihren Hund, er ist bei uns mitgelaufen." Passiert das häufiger, muss sowohl mit dem Durchgeher als auch mit dem Standschnaller nachgearbeitet werden.

Mein Durchgeher schließt sich anderen Treibern an und kommt nicht mit mir mit.

Das Verhalten, sich anderen Hunden oder Treibern anzuschließen, deutet darauf hin, dass der Hund nicht ausreichend allein mit seiner Bezugsperson eingearbeitet wurde. Hier empfiehlt es sich wieder, auf kleinen Stöberjagden mit nur diesem Hund und sich selbst als Hundeführer zu arbeiten bis ein Beuteerfolgserlebnis zustande kommt. Die Bindung von Hundeführerin oder -führer und dem Durchgehhund muss gefestigt werden, und das geschieht am besten durch erfolgreiches gemeinsames Jagen und bewusstes gemeinsames und emotionales Durchleben der Einzelkomponenten des Treibens.

Mein Standschnaller schließt sich Treibergruppen an und kommt nicht zu mir zurück.

Hier liegt das Problem wahrscheinlich ebenfalls in der nicht ausreichenden Solo-Einarbeitung. Ein weiterer Grund kann ein zufälliges Beute-Machen in Treibernähe oder sogar mit den Treibern sein, welches

Hier darf die Schusswaffe nicht eingesetzt werden! Schnelles Abfangen – zumal in einer solchen Situation – muss vorher ausreichend geübt werden.

die Verknüpfung „Treiberwehr = Jagderfolg" ausgelöst haben kann. Die Konsequenz, sollte dieses Verhalten öfter vorkommen, ist daher sinnvollerweise, den Hund ohne den großen Trubel einer Drückjagd wieder in kleinen Stöberjagden mit vier oder fünf Schützen gezielt zu schicken. Der Fokus muss auf das Jagen mit und um, sowie das Zurückkommen zum Hundeführer gelegt werden. Wenn das in der Einzelarbeit gut klappt, kann ein zweiter und ein dritter Standschnaller-Hund dazugenommen bzw. auch mal eine kleine Treibergruppe mit involviert werden. Initialerlebnis muss der jagdliche Erfolg eines Schützen – im besten Falle des Hundeführers sein. Kommt der Hund gegen Ende zurück zum Stand, so wird er gelobt und belohnt.

TIPP

Das Abfangen kranken Wildes, vor allem Schwarzwildes, muss ausreichend geübt sein, bevor es zum Ernstfall kommt! Jedem Hundeführer muss auch klar sein, wann er die kalte Waffe einsetzen muss und wann ein Schusswaffeneinsatz möglich ist.

Mein Standschnaller stellt Wild – was tun?

Hört oder sieht der Hundeführer auf dem Hundeortungsgerät, dass sein Hund laut Wild stellt, so sollte er ihm nach einigen Minuten zu Hilfe kommen. Er braucht Unterstützung, egal ob beim Abfangen kranken oder beim Hochmachen festliegenden gesunden Wildes. Daher sollte sich der zweibeinige Teampartner – immer nach Absprache mit der Jagdleitung oder gegebenenfalls dem Ansteller – laut rufend und in Warnkleidung auf zum Hund machen. Er ist jetzt durchgehender Hundeführer und verhält sich auch so lange so verhalten, bis er wieder zurück auf seinem Drückjagdstand ist.
Man muss nicht sofort beim ersten vermeintlichen Standlaut des Hundes loslaufen. Oft schaffen es die Hunde, festliegendes gesundes Wild nach wenigen Minuten doch in Bewegung zu bringen. Hält der Standlaut am gleichen Punkt allerdings über drei bis fünf Minuten an, sollte man sich auf dem Weg machen.

Mein Standschnaller verteidigt meinen Stand gegenüber Hunden und Treibern.

Wenn mein Hund direkt auf die zum Stand herankommende Treiberwehr oder andere Stöberhunde reagiert und sie verbellt, ist das höchst unerwünscht und kann nicht akzeptiert werden. Besonders Rassen wie Bracken ist die Standverteidigung angewölft und muss bereits früh gelenkt werden, um hier einen dauerhaften Lernerfolg zu erzielen. Ein laut gerufenes Zurechtweisen macht dem Hund

Unsere stöbernden Hunde sind Gold wert, aber keine immer reibungslos funktionierenden „Maschinen".

deutlich, dass sein Verhalten abgelehnt wird. Alternativ kann der Hund auch zum Stand gerufen und dort abgelegt werden, bis die Situation aufgelöst ist. Auch die Treiberwehr sollte einem solchen Verhalten akustisch entgegenwirken. Diese Pöbeleien haben nichts mit dem Verteidigen eines erlegten Stückes zu tun, neben dem der Hund ohne Führer abgelegt wird.

Mein Standschnaller hält vor dem Treiben einfach keine Standruhe.

Die Standruhe ist unabdingbar für den Jagderfolg und muss früh geübt werden. Wenn der Hund keine Ruhe halten kann und anwechselndes Wild durch sein Verhalten zur Flucht veranlasst, liegt der Fehler hauptsächlich in der Einarbeitung. Allerdings tun sich auch gerade Rassen wie Terrier hier besonders schwer.

Wie die meisten anderen Übungseinheiten auch, wird die Standruhe gesondert geübt und gefestigt. Hilfe bringt ausgiebiges Üben und der Einsatz von Symbolen wie eine unterm Stand abgelegte Decke und das Festmachen mit der vertrauten Führerleine. Es kann auch helfen, den Hund erst direkt vor dem Schnallen mit Warnweste und Ortung zu rüsten, also zu signalisieren, dass sein aktiver Part noch nicht begonnen hat.

Oftmals zeigen junge Vierbeiner Nervosität, weil sie wissen, dass sie bald stöbern dürfen, und suchen hierbei den Blickkontakt zum zugehörigen Hundeführer. Das sollte man gleichgültig ignorieren und dem Hund so signalisieren, dass es „Wichtigeres gibt" und der eigene Fokus nicht auf dem Hund liegt. Gegebenenfalls helfen auch ruhige und leise Zurechtweisungen und Korrekturen, diese sollten aber nicht zur Regel werden. Den Hund erst kurz vor dem Schnallen aus dem Auto zu holen, löst das Problem nicht, sondern verursacht nur eine Reihe weiterer jagdpraktischer Störungen.

DIE AUTOREN

Agrarökonomin Hannah Mittner entwickelte über Studium und Beruf ihr Interesse an der Jagd. Von Beginn an war dabei die Arbeit mit Jagdhunden ihre große Leidenschaft – die Vielseitigkeit der unterschiedlichen Jagdhunderassen faszinierte sie. Die Begeisterung für Drückjagden mit stöbernden Hunde ließ diese Jagdhunde und die Arbeit mit ihnen in ihren Fokus rücken. Seither ist Hannah Mittner als durchgehende Hundeführerin auf vielen Gesellschaftsjagden jährlich unterwegs. Ihren Jagdterrier führt sie zudem regelmäßig auf Nachsuchen. Seit vielen Jahren ist die Autorin Mitglied im Arbeitskreis Jagdhunde des ÖJV Baden-Württemberg, den sie mittlerweile leitet. Als Fachvorstand für das Hundewesen konzipierte sie ein erfolgreiches Fortbildungs- und Prüfungswesen für Jagdhundeführerinnen und -führer mit ihren Hunden. Sie blickt auf eine dreistellige Zahl ausgebildeter Stöberhunde zurück sowie auf zahlreiche Prüfungen, auf denen sie selbst führte oder als Prüfungsleiterin fungierte. Hannah Mittner zahlreiche aktives Mitglied in mehreren jagdlichen Verbänden, z. B. im Landesjagdverband Baden-Württemberg und im Deutscher Jagdterrier Club.

Architekt Jonathan Mittner wuchs mit Hunden auf und hatte bereits als Jugendlicher engen Kontakt zu Jagd und Jägern in seinem Umfeld. Während des Studiums löste er seinen ersten Jagdschein. Seither bestimmen die Jagd und die Arbeit mit Jagdhunden einen Großteil seiner Freizeit. Nach der Begleitung hervorragender Nachsuchengespanne faszinierte ihn die Arbeit mit Schweißhunden auf der Wundfährte. Als passionierter Drückjagdschütze legte er bald seinen Interessensschwerpunkt auf die Arbeit mit vom Stand aus geschnallten stöbernden Hunden. Derzeit bildet er eine junge Alpenländische Dachsbrackenhündin aus. Da ihm die Förderung des Spur- und Fährtenlauts unserer Jagdhunden ein besonderes Anliegen ist, setzt sich Jonathan Mittner als Prüfer für den Lautnachweis verschiedener Jagdhunderassen ein. Anderen Hundeführenden vermittelt er sein Praxiswissen als Dozent für die Einarbeitung von Stöberhunden. Jonathan Mittner engagiert sich zudem im Zuchtverband Alpenländische Dachsbracke und ist Mitglied verschiedener Jagdorganisationen sowie des Jagdbeirats der Landeshauptstadt Stuttgart.

REGISTER

BILDNACHWEIS

Mit 165 Farbfotos von AdobeStock/Даша Швецова S. 9, /Alexander von Düren S. 12, /Aleksander Gerasimov S. 13, /acrogame S. 16, /Pro Garten GmbH S. 17, /pridannikov S. 18, /Lubos Chlubny S. 21 o., /powell83 S. 21 m., /Julia S. 24, 103, /eAlisa S.25, /Soru Epotok S. 27, /Antje Lindert-Rottke S. 31 u., /Wissmann Design S. 39, /dikushin S. 40, /Dogs S. 41, /Christa Eder S.42, /Olga Min S. 43, /ADDICTIVE STOCK S. 44, / DoraZett S. 46 o., /Mountains Hunter S. 46 m., /motivjaegerin1 S. 46 u., 55 zw. v. u., S. 59, /MEISTER-FOTO S. 47, /zoyas2222 S. 48, /sebgsh S. 50 o. l., /SINNBILD Design S. 52 m., /AlexandruPh S. 61 o. l., / www.tierfilmer.info S. 61 o. r., /Sigma s S. 61 u., /David Büttner S. 66 u., /Peter Kirillov S. 83, /tanya69 S. 84, /Таисья Корчак S. 89 u., /hector69 S. 93, /zoyas2222 S. 95, /AlexGo S. 96, /Rionegro S. 108, /Helmut Müller S. 121 o. l., /Petra Richli S. 121 o. r., /Klaus S. 125, /Happy monkey S. 134, /Glaser S. 138, /Manuel Cruz Perez S. 141, /Michal S. 143 u. r., 144-145, /Lisa H S. 158, /Myron Muza S. 159, /Mabelle Photography S. 164; Shutterstock/valery.kruk S. 8, /nik174 S. 52 o., /Plotitsyna NiNa S. 52 u., /Vera Zinkova S. 55 u.; iStock/PetrBonek S. 51 o. l.; CC (Wikimedia Commons)/BeryllvBb S. 50 o. r., /Przykuta S. 56; Deutsch-Langhaar e.V. S. 38, 45; Julia Hartmann S. 78; Hannah & Jonathan Mittner S. 11, 32, 34, 35 u., 49, 54, 55 o., 55 zw. v. o., 57 u., 58, 62-63, 65, 66 o., 68, 69, 70, 71, 72, 73, 74, 76, 77, 79, 81, 87, 89 o., 90-91, 94, 97, 98, 101, 102, 105, 109, 110, 113, 114, 115, 116, 117, 118, 119, 120, 124, 126, 127, 129 u., 131, 133, 150, 151, 152, 153, 154, 155, 156, 157, 165; Michael Petrak S. 21 u.; Michael Stadtfeld S. 6-7, 10, 19, 29, 30, 100, 106, 122-123, 129, 130, 140, 163; Karl-Heinz Volkmar S. 22-23, 28, 31 o., 57 o., 86, 107, 109, 110, 143 o., u. l., 147, 162; Arndt Bünting S. 51 o. r.; Jenny Figge S. 75; Ilka Becker S. 57 m.; TierGesundheitsZentrum Northeim S. 88

Illustrationen: Marie Gude nach Vorlagen der Verfasser S. 64, 136; Gemeinfreies Bild S. 15, 139; Kay Elzner nach Vorlagen der Verfasser S. 35 o., S. 37, 111, 112, 135, 148; Hannah & Jonathan Mittner S. 36

IMPRESSUM

Umschlaggestaltung von Büro Jorge Schmidt unter Verwendung von 1 Farbfoto von Michael Stadtfeld.

Mit 166 Farbfotos und 16 Illustrationen

Gedruckt auf chlorfrei gebleichtem Papier

ISBN 978-3-440-18323-6
Projektleitung und Redaktion: Ekkehard Ophoven
Redaktion: Markus Lück
Gestaltungskonzept: Peter Schmidt Group GmbH, Hamburg
Gestaltung und Satz: DOPPELPUNKT, Stuttgart
Produktion: Vanessa Frömmig
Druck und Bindung: Westermann Druck Zwickau GmbH
Printed in Germany / Imprimé en Allemagne

FSC
www.fsc.org
MIX
Papier | Fördert gute Waldnutzung
FSC® C110508